Faszination
Ahrwein

Mit freundlicher Empfehlung

Ahrweiler, im August 2021

EIFEL VERLAG

Die Deutsche Nationalbibliothek verzeichnet diese Publikation in der
Deutschen Nationalbibliografie; detaillierte bibliografische Daten sind im Internet
über http://dnb.d-nb.de abrufbar.

Lektorat: Hedwig Gräfin Schweinitz
Layout: Gabriele Nohn-Steinicke
Titelbild: Paul Gieler, Frühburgunder, Lage Ahrweiler Ursulinengarten

ISBN 978-3-943123-41-8

www.eifel-verlag.de
mail@eifel-verlag.de

Eifel-Verlag ist ein Imprint im Gaasterland-Verlag.

Dieses Buch wurde mit Mitteln aus dem
Programm „Neustart Kultur“ gefördert.

Faszination
Ahrwein

Gelebter Weinbau an der Ahr

Gestern • Heute • Morgen

von

Paul Gieler

Wir lieben die Eifel
EIFEL-VERLAG

Ein Buch schreibt man selten allein

Und weil das so ist, möchte ich an dieser Stelle allen danken, die an seiner Entstehung mitgearbeitet haben. Denn wie sich herausgestellt hat, haben sie mindestens so viel zu diesem Buch beigetragen wie ich selbst.

Mein Freund, Dr. med. Gerhard Kreuter, der als ehemaliger ärztlicher Direktor und Chefarzt für Innere Medizin den Beitrag „Wein im Blickpunkt der Medizin“ verfasst hat, gab wichtige Klarstellungen zu einem nicht unumstrittenen Thema. Gerhard Kreuter war zudem über 20 Jahre Mitglied des wissenschaftlichen Beirates der deutschen Weinakademie. Für seine Ausführungen und seine Unterstützung danke ich ihm sehr herzlich.

Ebenfalls ein herzlicher Dank geht an den Historischen Geographen Dr. Jürgen Haffke. Schon vor Jahrzehnten wurden seine Expertisen anlässlich der Flurbereinigungsverfahren an der Ahr hoch eingeschätzt. Seine Ideen zu Inhalt und Gestaltung waren mir äußerst wertvoll. Auch hat er meine Sätze und Absätze durch Interpunktion in die richtige Form gebracht. Fachmann und Lektor, wer als Autor diese Kombination vorfindet, kann sich glücklich schätzen.

Weinfachfrau und Lyrikerin, das ist Hede, Gräfin von Schweinitz und Krain Freifrau von Kaudehr. Der Stammbaum der ehemaligen Ortsweinkönigin

Reifemessung mit Refraktometer (Studenten der Uni Bonn)

von Bachem und Gebietsweinkönigin der Ahr liegt in einer eingesessenen Winzerfamilie des Weinortes Bachem. Besonders die Kunst der Formulierung beherrscht die frühere Mitarbeiterin des Bundespresseamtes perfekt. Ich danke Hede sehr herzlich.

Danken möchte ich auch den Mitstreitern des Gesprächskreises Ahrwein, Weinküfermeisterin Astrid Rickert, Winzermeister Marc Linden und Weinbautechniker Reinhold Kurth für die vielen Hinweise, die sie mir im Laufe der Veranstaltungen gaben. Das DTP-Studio Jahn war auch diesmal wieder mit von der Partie. Mein Freund Hans-Albert Jahn lieferte mir einige grafische Hinweise.

Ein ganz besonderer Dank gilt meiner Frau Irmgard. Sie hatte immer Verständnis, wenn ich sie in der Bewältigung des Alltags mal wieder allein ließ.

Nicht zuletzt möchte ich Ihnen, liebe Leserinnen und Leser, danken. Dafür, dass sie das Buch gekauft haben. Dass sie es jetzt gerade lesen. Sollten sie es nicht zu Ende lesen, danke ich Ihnen trotzdem, denn ein Stück Weinwissen steht – so hoffe ich – auf jeder Seite.

Im Weinberg 82

König Spätburgunder gibt sich die Ehre – Ein Exklusivinterview 116

Im Weinkeller 136

Winzergenossenschaften und Weingüter 208

Die Entwicklung von Rebsorten und Weinqualität in Europa 224

Teil III: 2021 – 2050

Die Zukunft 226

Infoteil 240

Einführung

Zu meiner großen Freude kam mein kleines Buch „Wein und Weinbau an der Ahr" aus dem Jahr 2013 so gut an, dass ich mich entschloss, aus einem Büchlein ein ausgewachsenes Buch zu machen.

Wer die Ahr bereist, ist immer begeistert von der Schönheit der Landschaft. Dass sie aussieht, wie sie aussieht, ist unseren Vorfahren zu verdanken. Sie haben diese Landschaft mit viel Mühe und Schweiß mit ihrer Hände Arbeit geschaffen. Dass unser Wein so gut schmeckt, verdanken wir dem unermüdlichen Einsatz und der langen Erfahrung unserer Winzerinnen und Winzer. Johann Wolfgang von Goethe, dessen Vater eigene Weinberge besaß, mag wohl auch an die Arbeit des Winzers gedacht haben, als er in Faust II schrieb: „Von des liebevollsten Fleißes zaghaftes Gelingen".

Aller guten Dinge sind drei. Und drei Abschnitte informieren Sie über die Entwicklung des Weinbaus in Europa. Natürlich mit dem Schwerpunkt Ahrweinbau. Um das ganze für Sie unterhaltsam zu machen, habe ich die Vielzahl vergangener, aktueller und zukünftiger Themen des Weinbaus an der Ahr möglichst in Geschichten gepackt; inklusive eines Einblicks in das Winzerleben Mitte des vorigen Jahrhunderts am Beispiel meiner eigenen Kindheit.

Neu in diesem Buch ist unter anderem, die Rebe selbst zu Wort kommen zu lassen. Sie werden von und über Weinköniginnen informiert. Auch die Themen Technik und Digitalisierung im Weinberg und im Keller werden vorgestellt. Nebenbei versuche ich, ein paar hartnäckige Irrtümer und Missverständnisse aus der Welt zu schaffen.

Viel Spaß beim Lesen und natürlich einem guten Glas Ahrwein wünscht Ihnen

Ihr Paul Gieler

Herbstnebel im Recher Herrenberg

Unsere Landschaft und der Wein

Weinbau in den Alpen

Die Ahr ist ein Steillagenanbaugebiet. Klar! Aber was heißt das? Lassen Sie mich zu einem unorthodoxen Vergleich greifen. Sie kennen die Streif? Die steilste Abfahrtpiste der Welt. Aber was hat das mit der Ahr zu tun? Nun, das Gefälle der Streif ist im Durchschnitt nicht größer als das in den steilsten Weinlagen der Ahr. Fast 70 Prozent der Anbaufläche bei uns sind Steillagen. Sie fangen bei 30 Prozent Gefälle an, nicht der Rede wert. Ab 50 Prozent sind allerdings Schwindelfreiheit und Trittsicherheit gefragt.

Terrassen im Mayschosser Mönchberg

Aber damit noch nicht genug. Wir haben an der Ahr auch Weinberge mit 70 Prozent Gefälle zu bieten. Kleine Plateaus, mit Muskelkraft vor Jahrhunderten in die schroffen, den Fluß begleitenden Felsen eingehauen. Hier kann man die Mineralität der Weine geradezu sehen. Für unsere Winzer kein Problem, siehe oben. Für die Rebstöcke, manche mehr als 100 Jahre alt, auch nicht. Genügsam auf Miniplateaus stehend, blühen sie nicht selten mit nur zwei oder drei Trauben an einem Stock und produzieren das Edelste vom Edelsten. Betriebs-

wirtschaftlich ist das uninteressant, denn die Weine müssten 100 Euro und mehr kosten. Aber die Liebe zur Natur und zur Heimat, ein nicht bezahlbares immaterielles Gut, lässt Erfolgserlebnisse eigener Art entstehen.

Über 100 Jahre alte Rebstöcke

Weinbergslage Altenahrer Eck

Die alte Trockenmauer in einem Weinberg der Lage Altenahrer Eck steht für die beeindruckende Kulturleistung früherer Generationen. Die Terrassen in den steilen Bergflanken zur Linken sind Zeugnisse ihres technischen Wissens, ihres handwerklichen Könnens und ihrer enormen Erfahrung. Seit etwa 250 bis 300 Jahre hält diese Maurer den Weinberg an Ort und Stelle, gibt den Winzern Halt und hält den Weg frei.

Vor 400 Millionen Jahren, im Zeitalter des Unterdevon, lag das Ahrtal noch auf dem Grund eines Ozeans. Aber nichts auf Erden ist ewig. Im Laufe der Jahrmillionen kam also auch hier Bewegung in die Sache. Das Klima änderte sich. Der Ozean verschwand. Seine Sedimente festigten sich zu Schiefer und Sandstein. Die Kontinentalplatten schoben sich zusammen und falteten dabei das Rheinische Schiefergebirge auf. Es entstanden kreuz und quer steile und weniger steile Gesteinsanordnungen. Hieraus wurden dann viel, viel später unsere charakteristischen Weinberge. Dass das eine Kulturlandschaft sein sollte, hat mich als junger Mensch wenig bis gar nicht beeindruckt, dafür war die Plackerei in den Steilhängen zu anstrengend. Ich konnte dem beim besten Willen nichts Gutes abgewinnen.

Fossilien in einem Sandstein des Ahrgebirges

Heute, älter geworden, sehe ich eine Welt voller Wunder, zum Beispiel den Mauerstein, in dem die Abdrücke von Lebewesen des einstigen Wattenmeeres erhalten sind, und das seit mehreren hundert Millionen Jahren.

Von der Trockenmauer, auf der ich sitze, habe ich einen fantastischen Blick ins Tal. Dass der Blick fantastisch ist, habe ich schriftlich, denn über mir steht ein im Jahr 2012 aufgerichtetes Monument aus Edelrost mit der Aufschrift „Schönste Weinsicht der Ahr". Ich bemühe mich wirklich um eine Würdigung dieser „schönsten Aussicht". Natürlich ist das, was ich sehe, beeindruckend. Aber für mich ist das alles ja nichts Neues, für mich ist es eben was es ist.

Es brauchte den Historischen Geograph Dr. Jürgen Haffke, um mir die Augen zu öffnen. Du bist in der „Niederrheinischen Schweiz" zu Hause' Nie gehört, sagte ich ihm. Ich bin über 70 Jahre alt, aber diese Bezeichnung ist mir neu. Das verstehe ich, sagte er, aber mit deinen 70 plus Jahren bist Du einfach nicht alt genug. Die Entdeckung der Schönheiten deiner Heimat, der beeindruckenden Felsformationen, der stolzen Burgruinen und steilen Weinberge begann etwa vor 190 Jahren. Mein Blick fiel auf die Burgruine der Burg Are, der ältesten Burg im Ahrtal, erbaut im 11. Jahrhundert. Anfang des 19. Jahrhunderts entdeckten die Lithographen und Maler der renommierten Malerschule in Düsseldorf das Ahrtal für sich. Alles, was im städtischen Düsseldorf an Motiven fehlte, bot ihnen die Landschaft der Ahr. Dies sah auch der Jurist, Dichter und Theaterintendant Carl Leberecht Immermann so, indem er festhielt „... das Ahrthal ist die Studienkammer der Düsseldorfer Landschafter". Jean Nicolas Ponsart aus Malmedy griff als erster zur Feder und seine Lithografien machten die Ahr einer breiten Öffentlichkeit bekannt. Heute geben sie uns Aufschluss nicht nur über die Landschaft, sondern auch über das Leben der Menschen, die diese Landschaft bevölkerten.

Als erster bezeichnete der in Köln an der Höheren Bürgerschule lehrende Schriftsteller Dr. Ernst Weyden das Ahrtal als „Niederrheinische Schweiz". Das war im Jahr 1835. Mit dieser Bezeichnung wollte Weyden das Ahrtal adeln,

Burgruine Are

es in eine Reihe mit den Landschaften stellen, die weltweit als besonders schön gelten. Leider waren seine Bemühungen in dieser Richtung nicht wirklich von Erfolg gekrönt. Ein anderer, enthusiastischer Verehrer des Ahrtals war Ernst Moritz Arndt (1769-1860). Er bereiste die Ahr von ihrer Quelle in Blankenheim bis nach Altenahr. Voller Begeisterung schrieb er hier in seinen Reisebericht: „Das schönste aber sind die Schwingungen des Flusses um und durch die Felsmauern". Arndt war als erster Professor für neuere Geschichte an der Universität Bonn 1820 von seinem Lehrstuhl suspendiert worden. Der Grund: Seine Vorstellung, was die angestrebte Einheit des Vaterlandes betraf, war politisch nicht gewollt. Sein Schicksal teilten auch andere prominente Personen wie der Turnvater Jahn und die Gebrüder Grimm. Die wichtigsten Erkenntnisse über den Weinanbau an der Ahr aber lieferte Prof. Dr. Gottfried Kinkel (1815-1882). Sein Buch „Die Ahr. Landschaft, Geschichte und Volksleben" war zugleich ein Führer für Ahrreisende.

Holzbrücke über die Ahr in Reimerzhofen – Lit: Jean-Nicolas Ponsart 1839

Ein bahnbrechendes Stück Ahrtalgeschichte im wahrsten Sinne des Worts ist der unter mir liegende Straßentunnel. Mit den Straßen im Ahrtal war es

Aussichtspunkt auf Burg Are und das Weiße Kreuz heute und früher

nicht gut bestellt. Es gab eine Schotterstraße von Ahrweiler bis Mayschoß. Ab da wurde es schwierig. Natürliche Behinderungen durch die Felsbarrieren von Laach nach Altenahr ließen die Weiterfahrt nur eingeschränkt zu. Wer nach Altenahr wollte, nahm besser den Weg über die Grafschaft und von dort wieder hinunter ins Tal. Wer sich diesen Umweg sparen wollte und sich für den Talweg zwischen Mayschoß und Altenahr entschied, musste mehrfach die Ahr durchqueren und sich über provisorische Holzbrücken quälen. Besonders gefährlich war die Ahrquerung bei Reimerzhofen, die einigermaßen gefahrlos nur bei niedrigem Wasserstand möglich war.

Mein Blick fällt auf das Weiße Kreuz, eine wichtige Wegmarke vor allem für die Bewohner von Reimerzhofen, die zur Pfarrei Maria Verkündigung in Altenahr gehörten. Vor 1834 führte ihr Weg zur Kirche über einen steilen, schmalen Pfad, hinauf bis zum Weißen Kreuz und von da hinab nach Altenahr. Das Problem verschärfte sich bei einer Beerdigung. Zur Beisetzung auf dem Altenahrer Friedhof trugen sie den Sarg besagten Pfad hinauf bis zum weißen Kreuz. Hier wurde der Leichnam vom Altenahrer Pfarrer gesegnet – sicher ist sicher – bevor es dann bergab zum Friedhof ging.

Gasthaus zum Durchbruch – Lit. Jean-Nicolas Ponsart 1839

Um diesem Elend endlich eine Ende zu machen, trieb der Landrat aus Ahrweiler den Strassenbau ahrauf- und abwärts intensiv voran. Zuerst wurde eine Durchfahrt in die Lay bei Mayschoß gesprengt, der man das heute noch deutlich ansieht. Als nächstes nahm man ein Projekt von nationaler Bedeutung in Angriff: den Tunnel in Altenahr. Der erste Straßentunnel Preußens. Eine technische Meisterleistung, die von der damaligen Bevölkerung kaum für möglich gehalten wurde. Der Durchbruch gelang im November 1834. Um die politische Bedeutung dieser Pionierleistung angemessen zu würdigen, durchschritt der preußische Kronprinz und spätere König Friedrich Wilhelm IV. als erster den Tunnel. In den darauffolgenden Jahren besuchte vor allem das betuchte Bildungsbürgertum auf den Spuren Friedrich Wilhelm IV. den Tunnel. Kurzum, der Fremdenverkehr in Altenahr erlebte seine erste Blüte. Die Gäste kehrten meist im Wirtshaus Caspari ein, das sich werbewirksam in „Gasthaus zum Durchbruch" umbenannt hatte.

Aber zurück zur Ahr. Ein schmales silbernes Band, gerade einmal 20 Meter breit. Kann ein so kleines Flüsschen Geschichte machen? Nun, wir werden sehen. Die Ahr entspringt in Blankenheim aus vier Karstquellen in einer Brunnenstube.

Ahrhochwasser am 21.07.1804, Lit. Jean-Nicolas Ponsart – 1839

Karst bedeutet karg, ein hartes Gestein, das sich vor rund 400 Millionen Jahren aus kalkreichem Dolomit bildete. Auf den Hochflächen von Blankenheim ist dieses Gestein brüchig und zerklüftet. Unterirdisch gibt es Höhlen, in die die Niederschläge versickern, um an anderer Stelle wieder zutage zu treten. Von der Quelle bis zur Mündung legt die Ahr rund 90 Kilometer zurück. Aus eigenem Antrieb versteht sich, denn die Ahr startet auf einer Höhe von 474 Metern und mündet in Remagen-Kripp bei 57 Metern. Geografisch teilt sich die Strecke in vier Abschnitte. Die junge Ahr, eingebettet in die Blankenheimer Kalkmulde und von sanften Hängen und charakteristischen Magerwiesen begleitet, wechselt an der Grenze von Nordrhein-Westfalen zu Rheinland-Pfalz ins Schiefergestein der Eifel. Wir befinden uns im Tal der oberen Ahr. Bis vor dem ersten Weltkrieg nutzte man die wenig fruchtbaren, sauren Böden in und um Pützfeld und Ahrbrück für den Weinanbau, der aber mangels Rentabilität nach Kriegsende aufgegeben wurde. Die obere Ahr wechselt dann bei Altenahr in die Mittelahr. Mit der westlich gelegenen Lage Altenahrer Übigberg beginnt der Ahrweinanbau wenige hundert Meter von meinem Standort, dem Altenahrer Eck. Etwa 3 Millionen Rebstöcke wachsen auf meist südlich ausgerichteten Hängen von gut 560 Hektar. Unter mir der Fluss, der sich, in der Sonne glitzernd, harmlos durch die Landschaft schlängelt. Aber so unschuldig wie sie aussieht, ist die Ahr nicht. Im Juli 1804 ließ ein Gewitter sie derart ansteigen, das 64 Menschen in ihren zu Tal rasenden Fluten ertranken und zahlreiche Brücken, Häuser, Ställe und Mühlen mitgerissen wurden. Das Elend war so schlimm, dass sogar die Franzosen, als Besatzer nicht gerade zimperlich,

Hochwasser in Walporzheim – 2016

Sammelaktionen starteten, um der schwer geprüften Bevölkerung zu helfen. Eindrucksvoll stellte Jean Nicolas Ponsart diese Situation in Rech dar, wo das Pfarrhaus Opfer der Flut wurde. Während sich unten im Bild die Leute retten, kommt für das Pfarrhaus jede Hilfe zu spät. Darin gefangen der Pfarrer, der Küster und eine Dorfbewohnerin. Aus einer Luke des Dachfensters segnet der Pfarrer das Dorf. Seine Leiche wurde einige Jahre später im Schlamm der Ahr gefunden. Gelegentlich tritt die Ahr auch heute noch gefährlich über die Ufer. In allen Häusern in Ufernähe stehen dann die Keller unter Wasser und alles was drin ist, muss gesichert werden. Das gilt besonders für Weinkeller und deren Inhalt. Dabei fallen mir die Worte eines Gastes ein: „Mir ist egal, wohin die Ahr fließt, wenn sie nur nicht durch den Wein fließt". Aber kein Grund zur Sorge, Weinfässer halten auch bei Hochwasser dicht.

Weinbau konzentriert sich auf die klimatisch subtropischen und gemäßigten Zonen der Erde. Die liegen auf der Nordhalbkugel zwischen dem 30. und 50. Breitengrad und auf der südlichen Halbkugel zwischen dem 30. und 40. Breitengrad. Aber es gibt kühle und heiße Randlagen außerhalb dieses Rebengürtels. Oft werden diese geografischen Nischen als Klimaoasen bezeichnet. Normalerweise vermutet man hier keinen Weinanbau mehr. Und doch wachsen hier seit mehr als 1000 Jahren erlesene Tropfen. Im Norden sind das neben der Ahr auch noch die Mosel, der Mittelrhein, Sachsen und Saale Unstrut. Ersteres das einzige Rotweinanbaugebiet, in den anderen Gebieten überwiegt der Weißweinanbau, weil sich dort die Winzer auf die Spur des Rieslings begaben.

Aber warum hat gerade die Ahr dieses besondere Klima? Nun, die ganze Ahr auch wieder nicht. Nur das letzte Drittel, die etwa 30 Kilometer von Altenahr bis zur Mündung in den Rhein. Klimatisch wird diese Gegend vom Hohen Venn und von der Eifel geschützt. Die vom Atlantik im Nordwesten hereinkommenden Feuchtwinde regnen sich bereits hier ab. Die kühle Höhenluft erwärmt sich in der Enge des Tales und mit tätiger Beihilfe des wärmespeichernden Schiefergestein deutlich. Die meisten Weinberge befinden sich an den südlich exponierten steilen Hängen. Die rechte Flussseite ist mit 500 bis 600 Meter Höhe waldreich und bis in die Niederungen aufgeforstet. Dies stellt nicht nur einen weiteren Wärmegewinn dar, sondern schützt die Reben vor allem vor Frösten, besonders vor Spätfrösten, die die jungen Triebe der Reben Ende April bis Anfang Mai bedrohen.

Wesentlich niedriger, auf mäßigen Hügeln, liegt die linke Ahrseite. Auf 200 bis 300 Metern Höhe, der heutigen Grafschaft, schließt sich die Niederrheinische Bucht an. Es ist ein sogenannter europäischer Gunstraum, dem eine lange Vegetationsperiode zu eigen ist. Verhältnismäßig flach endet hier der Bergzug des Rheinischen Schiefergebirges, von den Geografen auch als Abdachung bezeichnet. Auch durch die Nähe zum Rhein erwärmt sich vor allem die auf niedriger Talsohle liegende Unterahr. Der Ahrweinanbau beginnt im Osten auf einer Höhe von 90 Metern und endet im Westen bei 310 Metern ü.NN.

Die Bedeutung des Terroir

Kommen wir zum Terroir. Der Begriff kommt aus dem Französischen und bedeutet so viel wie „Geschmack der Erde", für Winzer und Weinkenner nichts Neues. Terroir umfasst alle Bedingungen und Einflüsse unter denen ein Wein wächst: den Boden, die Ökologie, die Topografie, das Klima, den Jahrgang, die Weinbergspflege und den Winzer. Der Wein muss sich mit einem bestimmten Stück Land verbinden. Denn nur so bildet er das für die Region typische Weinprofil aus und präsentiert seine Herkunft auf einzigartige, unverwechselbare Weise. Die Ahrwinzer nutzen das ganze Potential der Landschaft und die daraus folgende Wertschöpfung, um den bestmöglichen Wein zu erzeugen, der so nur hier wachsen kann.

Kurz: Ein hochwertiges Terroir macht ein vollständiges und langsames Ausreifen der Trauben in all ihrer sorten- und gebietstypischen Aromavielfalt und Mineralität möglich. Darüber hinaus hat das Terroir auch einen philosophischen Hintergrund, der Geschichte, Genusskompetenz, Transparenz, Information und Begegnung umfasst. Somit sind in einem Glas Ahrwein unser Lebensraum und unsere Lebensphilosophie eingefangen.

Der **Boden** ist – im wahrsten Sinne des Wortes – der grundlegende Faktor. An der Ahr profitieren wir von den „Siegener Schichten" im mittleren Ahrtal, als da

Terroir Ahr (Große Gewächse Lage Walporzheimer Kräuterberg)

sind Schiefer und Grauwacke, sowie den Herdorfer Schichten, Lehm/Löß, die im unteren Teil des Ahrtals vorherrschen. Der Boden kann vom Winzer durch Bearbeitung oder die Zugabe von Mineralien, wenn auch nur wenig, verbessert werden.

Die **Ökologie** bezieht sich auf das Lebensumfeld der Rebe. Welche „Bodenbewohner" findet sie vor? Wie ist es um Nützlinge, wie zum Beispiel Raubmilben, bestellt? Mit welchen Wildkräutern, Hecken, Büschen und Bäumen teilt sie das Habitat? Wie steht es um die Wasserversorgung?

Die **Topografie** bestimmt die Lage eines Weinbergs. Am besten eignen sich nach Süden ausgerichtete Hanglagen mit einer Neigung von 30 bis 70 Prozent, wie sie an der Ahr vorherrschen. Bezogen auf unseren Breitengrad wird damit der optimale Einfallswinkel der Sonne erreicht.

Das **Klima** ist die langfristige Einwirkung von Temperatur, Feuchtigkeit und Wind und damit entscheidend für die Auswahl der Rebsorten. An der Ahr sind das überwiegend Roweinreben. Die traditionelle Terrassierung, der Schiefer und der Fluss speichern die Wärme und geben sie nachts an die Weinstöcke ab. So ist für ein gleichmäßiges Klima gesorgt, das sich durch den Einfluss der Kölner Bucht an der Ahr fast mediterran gestaltet.

Die **Weinbergspflege**. Der Winzer richtet die Bepflanzung unter Beachtung des Bodens nach den naturgegebenen Faktoren aus. Bei der Kultivierung, wie der Auswahl der Rebsorte, der Erziehung, der Pflanzdichte usw., macht dann

Blick vom Sonderberg auf Dernau (schönste Weinsicht DWI 2016)

die Philosophie des Winzers den Unterschied. Will er möglichst schnell hohe Erträge erzielen oder lässt er den Weinberg in Ruhe altern? Wie handhabt er das Ausschneiden von grünen Trauben, deren Halbierung und das Freistellen der Traubenzone?

Der **Jahrgang**. Mit einer Durchschnittstemperatur von 11,1 Grad Celsius, einer durchschnittlichen Niederschlagsmenge von 638 mm und 1.950 Sonnenstunden im Jahr übertrifft die Ahr die klimatischen Mindestanforderungen für erfolgreichen Weinanbau. Entscheidend ist aber das Mikroklima.

Und das ist ein komplexes Thema. Nach der Lese im Spätherbst, im Winter und im frühen Frühjahr wünscht sich der Winzer Regen, damit die Wasserversorgung der Rebe gesichert ist. Im späten Frühjahr und im Sommer sollte es sonnig, warm und trocken sein. In der Reifephase im Herbst sind warme Tage und kühle Nächte ideal. Das Wetter von Juni bis September ist entscheidend für den Reifegrad und den Lesezeitpunkt.

Last, but not least, der **Winzer**. Seine Familiengeschichte, seine Ausbildung und seine Erfahrung sind wichtige Faktoren, die den Erfolg ausmachen. Versierte Winzer können den ahrtypischen Geschmack herausarbeiten. Ein erfahrener Kellermeister wird sein ganzes Können darauf verwenden, das Terroir nicht nur zu erhalten, sondern zu betonen. An der Ahr legt man nach wie vor viel Wert auf den traditionellen Ausbau im Holz. Allerdings darf das Fass das Terroir allenfalls unterstreichen, keineswegs aber dominieren.

Blick vom Krausberg auf Dernau; im Hintergrund die Eifel

Die Idee, die Qualität eines Weines auf seine Herkunft zu stützen, hat eine lange Geschichte. Sie war schon bei den Griechen und den Römer verbreitet und wurde in deren Tradition während des gesamten Mittelalters von den Klöstern bewahrt und weiter entwickelt. Nicht umsonst haben die Mönche die

Terroir – Wechselwirkung zum Ganzen –

Eignung bestimmter Rebsorten für ihr Gebiet empfohlen und die Fürsten dazu veranlasst, ihre Empfehlungen durchzusetzen. In diesem Sinne setzt auch die moderne Agrarpolitik der Europäischen Union auf die nachvollziehbare Herkunft in Bezug auf die Qualität und den Schutz ihrer Produkte.

Mindestanforderungen an den Weinbau

- Mittlere Jahrestemperatur mindestens 9° C
- Durchschnittstemperatur in der Vegetationsperiode (April-Oktober) mindestens 13° C
- Mittlere Temperatur im wärmsten Monat über 18° C
- Mindestens 1300 Sonnenstunden in der Vegetationsperiode
- Vegetationszeit (Zeitraum vom letzten Frost im Frühjahr bis ersten Frost im Herbst) von mindestens 180 Tagen
- Tiefsttemperaturen im Winter nur selten unter -20° C.

Steillagen der Mittelahr

Wie es lange Zeit war

Die Entwicklung von Rebsorten und Weinqualität in Europa

Teil I: Die Anfänge bis 1850

Noch bevor der Mensch den aufrechten Gang übte, wuchsen weltweit eine Fülle von Rebsorten. Es handelte sich um Wildreben mit eigenen charakteristischen Merkmalen. Diese Wildreben waren zweihäusig, das heißt, es gab männliche und weibliche Spezies. Die heutigen Kulturreben sind demgegenüber einhäusig. Dass die heutige Kulturrebe in Mesopotamien bereits vor 4.500 Jahren von den Sumerern angebaut wurde, kann man deren Rollsiegeln entnehmen.

Ältester Nachweis, Funde von Rebsamen in römischen Kelteranlagen an der Mosel und in der Pfalz weisen den Anbau von Kulturreben wie Traminer, Gutedel und auch Spätburgunder nach. Bei den Kelteranlagen handelte es sich um Objekte von erheblichem Ausmaß mit je einem Maische-, Press- und Mostbecken. Im Maischebecken wurde das Lesegut mit den Füßen zu Maische zertreten. Die wurde in die Körbe der Pressbecken umgesetzt und mit hängenden Gewichtssteinen gekeltert. Der Most wurde im Mostbecken gesammelt. Trotz zahlreicher römischer Siedlungsreste am gesamten Flusslauf der Ahr wurde hier bisher keine Kelteranlage gefunden. Auch die Münzen des römischen Soldatenkaisers Gallienus (260-268 n.Chr.), die 1873 in der Nähe des Apollinarisbrunnens ausgegraben wurden, sind kein ausreichender Nachweis für römischen Weinbau an der Ahr.
Übrigens: Die Römer an der Ahr waren eine Mischbevölkerung keltisch-germanischen Ursprungs, ergänzt um eine römische Minderheit unterschiedlichster Herkunft. Aber natürlich war es ein römischer Agrarexperte namens Columella, der einen 13-bändigen landwirtschaftlichen Ratgeber verfasste, in dem er 58 Rebsorten beschreibt, unter anderem den Spätburgunder.

Leben der Franken (Fränkisches Freilandmuseum Bad Windsheim)

Die ersten Nachweise über den Ahrweinbau stammen aus dem 8. Jahrhundert. Zu dieser Zeit herrschten die Karolinger. Ihr herausragender Vertreter war Karl der Große (747-814 n.Chr.), der sich unter anderem auch um die Förderung des Weinbaus verdient gemacht hatte. Nun setzen Weinbergsarbeit und Kellerwirtschaft Spezialkenntnisse voraus. Um die zu erwerben, braucht es Zeit. Hier waren die Klöster als Entwicklungshelfer gefragt. Denn Karls Ansprüche an den Weinan- und -ausbau waren hoch. In seiner um 812 verfassten Landgüterverordnung „Capitulare de villis" forderte er gute Erträge und eine saubere Verarbeitung des Weines. Für die Vermarktung empfahl er, einen Besen am Haus anzubringen, damit der Durchreisende wusste, dass es hier Wein gab. Die heutigen Straußwirtschaften haben also eine lange Tradition.

Alles Land gehörte dem König oder Kaiser. Nur er konnte Land verschenken oder als Lehen verleihen. Er konnte es auch wieder wegnehmen. Auch das war nichts Ungewöhnliches. Im Ahrgau hatten 34 Klöster und Stifte Grundbesitz, allesamt königliche Schenkungen. Einer der ersten Belege über Weinbergsschenkungen an der Ahr datiert auf 762 n.Chr. König Pippin schenkte Land des Klosters Kesseling an die Benediktinerabtei Prüm. Die Schenkung umfasste auch Wingerte, die sich oberhalb von Ahrbrück und zwischen Rech und Dernau befanden. Die Abtei Prüm, das Hauskloster der Karolinger, besaß in der Eifel, am Rhein und an der Ahr umfangreiche Besitzungen, die im Prümer Urbar von 893, heute würde man Grundbuch sagen, nachgewiesen sind. In Ahrweiler hatte Prüm z.B. einen Herrenhof und 29 Bauernhöfe, Hufen oder Mansen genannt. Fünf davon in Krechelheim, einem untergegangenen Weiler zwischen Westum und Löhndorf. Drei Höfe gingen aus einer Schenkung des Kaisers Ludwig im Jahr 836 n.Chr. an seinen Vasallen Rotbert hervor. Das Interessante daran ist, dass sich die hörigen Bauern an der Ahr auf Weinbau spezialisierten.

Ab dem 13. Jahrhundert gingen die Rebsorten verloren. Man kannte nur noch zwei Güteklassen, den fränkischen und den hunnischen Wein. Der fränkische Wein war dem hohen Adel, dem hohen Klerus und den Ministerialen vorbehalten, der hunnische ersetzte allen anderen das unsaubere Trinkwasser. Auch in Ahrweiler, das sich inzwischen zur Weinmetropole an der Ahr entwickelt hatte, finden wir noch keine Nachweise über Rebsorten. Erstmals 1443/1444 wurde in einer Rechnung des Einenberger Kellners über die Einnahmen und Ausgaben der Herrschaft Landskron roter Wein genannt. Weiße und rote Weine wies auch 1490 eine Stadtrechnung von Ahrweiler nach. Erstmals 1603 verdichteten sich die Vermutungen auf die Rebsorte Burgunder, damals wohl Klebrot genannt. Dienstag, dem 8. April 1603 Ratsprotokoll von Ahrweiler: „Maria, die Schwester des Pastors Tumler, sagt vor dem Rat aus, sie habe zu Lebzeiten des Pastors etliche Bleichart verzapft“. Maria wurde vernommen, weil der Pastor die Weinakzise, eine Stadtsteuer, schuldig geblieben war. Im Ratsprotokoll wird auf den Bleichart hingewiesen, einen Roséwein aus roten Trauben.

Lässt sich meine Theorie hinsichtlich unseres Spätburgunders halten? Die größten Landbesitzer in Ahrweiler waren die Benediktiner. Dieser Orden hatte sein Mutterhaus in Burgund. Es ist gesichert, dass die Rebsorte von Frankreich aus 880 n. Chr. den Weg an den Bodensee fand. Warum nicht auch an die Ahr? Die jährliche Freigabe der Lesetermine der roten Trauben begann laut der verfügbaren Aufzeichnungen ca. 10-14 Tage vor den weißen Rebsorten. Dies entspricht heute noch der Zeitspanne von Spätburgunder zu Riesling oder Elbling. Weitere Nachweise habe ich nicht. Zu berücksichtigen ist, dass die genetische Vielfalt an Rebsorten früher weit umfangreicher war. Alte Rebsorten, wie blauer Kölner, Gänsfüßer oder Betteltraube sind heute nicht mehr präsent.

Nicht weniger interessant ist die Frage, wie der Wein früher geschmeckt hat. Direkt nach der Gärung gab es noch keinen Unterschied. Auch damals wurde sicherlich schon Federweißer getrunken. Da aber der Wein ohne Schwefel ausgebaut wurde, wurde er schnell braun und oxidativ. Der fränkische, der bessere Wein entwickelte dabei einen an Sherry erinnernden Geschmack. Der hunnische Wein verdarb, er hatte schlicht zu wenig Alkohol. Die Wende kam im Jahre 1487 mit einer Genehmigung von Kurfürst Maximilian I. von Bayern für die Verwendung von verbranntem Schwefel. Damit wurden die Weine konserviert und gegen Lufteinwirkungen stabilisiert. Der Wein behielt seine Farbe und die sortentypischen Aromen. Die Einführung und Verwendung von Schwefel war der bis dahin größte Fortschritt in der Weinkultur.

Der deutsche Weinbau erreichte Anfang des 16. Jahrhunderts mit etwa 300.000 ha Rebfläche seine größte Ausdehnung. Die mittelalterliche Warmzeit erlaubte Weinbau bis zur Ostsee und kannte eine Vielzahl an Rebsorten. Manche davon mit durchaus bildhaften Namen. Den wegen seiner Fortpflanzungsfreudigkeit als Casanova verschrieenen weißen Heunisch nannte man an Mosel und Rhein „Hardhengst". Der Trollinger, ein gebürtiger Südtiroler, hieß wohl wegen seiner ungewöhnlichen Traubengröße auch „Hammelhoden".

Allmählich wurde es in Europa wieder kühler. Die „Kleine Eiszeit" von 1550-1850 setzte dem europäischen Weinbau sehr zu. Hinzu kamen die kriegerischen Auseinandersetzungen vom 16. bis 19. Jahrhundert. Es drohte der Niedergang des deutschen Weinbaus. Dies missfiel den Fürsten und Bischöfen. Außerdem hielten sie viele der Rebsorten nicht mehr für anbauwürdig, weshalb sie Sortenverordnungen erließen. Ende des 18. Jahrhunderts verfügte Kurfürst Clemens Wenzelslaus von Trier, dass in seinem Herrschaftsbereich vorwiegend der seit dem Jahr 1435 im Rheingau bekannte Riesling angebaut werden sollte. Damit erreichte der Riesling schon früh als Leitrebsorte Mosel und Mittelrhein. Der Anbau von Hammelhoden wurde verboten, nur hochwertige Rotweinsorten wie Clävner und Klebrot, heute Spätburgunder, waren weiter erlaubt. 1788 bat der Altenahrer Rentmeister Delhees den Kurfürsten und Erzbischof von Köln, einen roten Burgunder anbauen zu dürfen, der in Assmannshausen hervorragend gedieh, um den Kleinberger oder Elbling zu ersetzen, der nur einen schlechten, sauren Weißwein hergab.

Den nach der Schwefelung nächsten großen Schritt zur Weinverbesserung verdanken wir Napoleon oder genauer, seinem Innenminister, dem Chemiker Jean-Antoine Chaptal. Napoleon musste, um seine kämpfenden Truppen bei Laune zu halten, dieselben mit ausreichenden und ordentlich schmeckenden Weinrationen versorgen. Aber wegen der kleinen Eiszeit wurde der Wein in ganz Europa immer schlechter. Er bat seinen Innenminister um Hilfe. Der riet ihm, dem Most Zucker zuzugeben, um den Alkoholgehalt zu erhöhen. Denn Alkohol ist bei Wein ein wichtiger Geschmacksträger. Gesagt, getan. Und siehe, es hat geklappt.

Ferdinand Oechsle erfand im Jahre 1825 die nach ihm benannte Mostwaage. Die Weinqualität konnte man jetzt besser einschätzen. Bei den roten Ahrweinen hatte sich die Maischegärung unter dem Begriff „Französische Methode" durchgesetzt.

Mayschoß und die Saffenburgruine im Herbstnebel

Die mit dem 19. Jahrhundert einsetzende Industrialisierung sowie die politischen Veränderungen brachten zahlreiche Winzer in bitterste Not. Die Kinderzahl stieg. Die Großfamilien waren auf den Weinbau angewiesen. Die fränkische Erbteilung, die alle Kinder gleichermaßen bedachte, verkleinerte die Grundstücke von Generation zu Generation. Die preußische Zollpolitik führte zu billigen Weineinfuhren an Ahr und Mosel. Weinhändler lockten mit Weinfälschungen bis hin zu Kunstweinen. Schlechte Jahrgänge taten ihr Übriges.

Winzerleben an der Ahr – Bilder aus vergangenen Zeiten

Winzerfamilie Rech um 1930

Winzer Josef Marner aus Rech um 1935

Der Weinbau fordert seinen Mann und seine Frau zu jeder Jahreszeit. An der Ahr bedeutet das Handarbeit, auch heute noch. Etwa 25 mal im Jahr müssen Winzer- und Winzerinnen um jeden Stock, wie man hier sagt. Und das selbst dann, wenn sich Witterung und Schädlinge gegen sie verschworen haben. Eine einzige Frostnacht kann die Hoffnung eines oder sogar, wie in den Jahren 1926, 1953 und 1956, mehrerer Jahre zerstören. Aber man lässt sich nicht unterkriegen. Ein Winzer sieht sich nicht als Bauer, er ist ein Kulturschaffender. Oder wie mein Vater es einmal in einer Aufsichtsratssitzung formulierte:"Mir senn kein Kappesboere, mir senn Winzer". Der Stolz auf ihre Leistung spiegelt sich im Gesicht alter Winzer bis in die 1960er Jahre. Man hatte den Beruf nicht erlernt, man hatte ihn im Blut. Das, gepaart mit einem unerschütterlichen Gottvertrauen, machte ihn frei, aller Schinderei zum Trotz.
Zum besseren Verständnis: Kappesboere bauen Kohl an, der in der Verarbeitung zu Sauerkraut, soere Kappes, Rotkraut, ruude Kappes, etc. verarbeitet wird, weshalb sie auch Krauter genannt wurden. Das war nicht als Kompliment gemeint, auch dann nicht, wenn es sich um einen Großbauern handelte. Da war man doch lieber armer Winzer, wofür das Kfz-Zeichen „AW“ steht.

Der Alltag einer Winzerfamilie war anstrengend. Nach der Uhr hat niemand gearbeitet. Aber die Züge, die im Stundentakt ahrauf und -abwärts fuhren, gaben verlässlich Auskunft darüber, was die Stunde geschlagen hatte. Damit

Junge Winzerin aus Dernau um 1935

Gebogen zu Herzen – Rebstöcke in früherer Zeit um 1935

das Mittagessen pünktlich auf dem Tisch stand, wurde die Mittagsglocke bereits um 11.30 Uhr geläutet. Die unmißverstädliche Aufforderung für die Frauen, sich an den häuslichen Herd zu begeben. Um 12.00 Uhr versammelten sich Vater, Mutter und Kinder am Küchentisch zum gemeinsamen Mittagessen, gefolgt von einer knappen halben Stunde Mittagspause. Danach ging es dann weiter mit allem, was eben so anfiel, im Haus, im Weinberg, im Stall oder im Feld, bis zum Läuten der Abendglocke. Für die Kinder war der Tag dann vorbei. Waren sie danach noch auf der Straße anzutreffen, konnte es unangenehm werden. Besonders, wenn man dem Pastor oder dem Lehrer in die Arme lief. Tempi passati.

Die Arbeit im Weinberg war streng in Frauen- und Männerarbeit geteilt. Oft schon vor Maria Lichtmess am 2. Februar sah man dick vermummte Gestalten beim Schneiden der Reben. Während der Rebschnitt noch gemeinsam erledigt wurde, änderte sich dies schon beim Anbinden der Reben am Pfahl. Das Biegen der „Herzen", das sogenannten Gerten, war ausschließlich Frauenarbeit. Die Männer schnitten allenfalls junge Weiden, das notwendige Bindematerial, an der Ahr oder am Bach oder bestellten sie als Kaufware bei der Winzergenossenschaft. Da das Gerten nur in hockender oder sitzender Stellung möglich war, nahmen die Winzerinnen, praktisch, wie sie waren, einen Sack voll Stroh mit.

Bindematerial aus Stroh – Einweichen an der Ahr um 1935

Meist wurden an einem Rebstock drei bis vier Fruchtruten gebogen. Dass diese, nur auf Masse zielende Erziehung den Rebstock auf Dauer überforderte, hat man erst im modernen Weinbau ab den 1980er Jahren so richtig verstanden. Bis dahin setzte man auf Ponde, Pfunde, denn die brachten mehr Geld. Den meisten Winzern war nicht bewusst, das sich diese ständige Überforderung zwangsläufig in mangelnder Reife der Trauben und Schwachwüchsigkeit des Rebstocks niederschlagen musste. Eine oft geäußerte Klage damals war: „E Beugelche, wie ein Ei und deren nur zwei." Will heißen, an einem Rebstock gab es nur zwei Mini-Fruchtruten, gebogen glichen sie einem Ei. Die Rebe war jahrelang überfordert worden.

Die Frauen erledigten ihren Teil der Weinbergsarbeit fast immer gemeinsam. Damit war der Weinberg als Kommunikationszentrum unübertroffen. Alles wurde durchgehechelt, angefangen vom Dorfklatsch über das regionale Geschehen bis hin zur großen Politik. Laubarbeit war ausschließlich Frauensache. Sie bestand aus dem Anbinden der Triebe an den Pfahl und dem Entfernen der aus den Nebenknospen wachsenden Geiztriebe. Als Bindematerial nahm man Stroh. Um es zu diesem Zweck brauchbar zu machen, wurde es – meist direkt an der Ahr – in Wasser eingeweicht und so lange mit den Füßen getreten, bis es die gewünschte Festigkeit hatte. Mit dem Stroh am Gürtel begannen dann die Winzerinnen ihre mühselige Arbeit, die sie, entsprechend

Mit Karst und Pickel, Walporzheim um 1890

dem Wachstum der neuen Triebe, drei- bis viermal Mal im Jahr wiederholen mussten.

Die Männer waren im Januar und Februar neben dem gemeinsamen Rebschnitt mit dem Prüfen der Pfähle beschäftigt. Wackelige Pfähle wurden wieder standfest gemacht, morsche ersetzt. Sie mussten auch düngen und den Boden bearbeiten. Die Bodenbearbeitung mit Karst und Pickel war die anstrengendste Tätigkeit. Unkraut wurde nicht geduldet und wenn der letzte Weinberg von Hand gegraben war, musste beim ersten schon wieder begonnen werden. Nach der ersten Bodenlockerung im Frühjahr hatte der Weinberg „Ostern gehalten", was soviel hieß wie: Der Weinberg ist sauber. Versäumte ein Winzer diese Arbeit, wurde im Dorf erzählt, dass seine Weinberge eben noch kein „Ostern gehalten" hätten und jeder wusste, was und wer gemeint war.

Ähnlich anstrengend wie die Bodenbearbeitung war der Pflanzenschutz. Eine Weinbergsspritze fasste 15 Liter, sie wurde auf den Rücken geschnallt und mit einer Handpumpe bedient. In einem 10-Stundentag konnten etwa 150 Liter Spritzbrühe ausgebracht werden. War eine Parzelle fertig, begab man sich zur nächsten. Das kostete Zeit, genau wie das mühsame Klettern von Terrasse zu Terrasse. War der Weg zur Parzelle zu beschwerlich, baute man kleine Schauerhütten, wie der Name schon sagt, einen Unterstand gegen Regenschauer. Neben diesen Hütten stand immer eine Tonne, in die das Regenwasser vom

Pflanzenschutz in der Lage Ahrweiler Rosenthal, 1957

Winzerin Lisa Zorn in der Lage Dernauer Goldkaul, 1977

Blechdach ablief. So hatte man Wasser genug, um das Spritzpulver an Ort und Stelle aufzulösen.

Die Pfahl- oder auch Einzelstockerziehung war bis zum Beginn der Flurbereinigung Mitte der 1950er Jahre die einzige Erziehungsmethode an der Ahr. Der Bedarf an Holzpfählen war also hoch. Pfähle aus jungem Eichenholz halten zwar lange, Eichen wachsen aber langsam. Also ersetzte man die Eichen durch Lärchen, die dicht gepflanzt, nach etwa 10 Jahren als Weinbergspfähle aus den Beständen geschlagen wurden. Dann wurden sie in einem Bad von Kupfervitriol imprägniert, um sie haltbar zu machen. Zu guter letzt wurde der im Boden steckende Teil der Pfähle noch mit Teer imprägniert.

Als Pflanzmaterial für die neuen Reben diente das einjährige Schnittholz, Fruchtruten, heute unter der Bezeichnung „Klon" geläufig. Das Wort Klon stammt aus dem Griechischen und bedeutet so viel wie Zweig. Der Abkömmling hat also logischerweise dieselbe Genetik wie die Mutterrebe. Das haben sich viele Winzer aber nicht klar gemacht. Auch aus diesem Grund fielen sie oft auf Mutterstöcke herein, die zwar gesund und schön aussahen, deren Erträge aber häufig ausfielen. Sie sehen, auch hier gilt, Schönheit ist nicht alles. Bei dieser Vorspiegelung falscher Tatsachen war der Burgunder besonders auffällig, weshalb der bekannte Rebzüchter und Wegbereiter des modernen Weinbaues in Deutschland, Georg Scheu (1879–1949) diese Reben als Pranger bezeichnete. Georg Scheu übertrug sein Wissen als Gartenbautechniker in den Weinbau. Denn ihm war aufgefallen, dass die im Weinbau auch an der Ahr tätigen Gärtnermeister auffallend gute Weinberge besaßen. Sie beschäftigten sich vor allem mit der Auslese ertragreicher und virusfreier Reben, der Klonselektion, einem der kleinen Schritte, die den Ahrweinbau in die Zukunft führen sollte. Das führte auf die richtige Spur. Scheu stellte fest, dass seine Pranger zwar reichlich Gescheine, d. h. Blütenstände ausbildeten, die Trauben aber nach der Blüte von der Rispe fielen, so dass die einzelne Traube nur wenige Beeren lieferte. Das Problem war, die Eianlagen in den Fruchtknoten der Beeren waren großenteils verkümmert, so das die Befruchtung bei der Blüte nicht oder nur vereinzelt stattfand. Problem erkannt, Problem gebannt. Gleichwohl blieb das Leben der Winzer mühsam, wie es ein Heimatdichter so treffend in Worte fasste:

„Des Winzers Leben ist fürwahr,
zu allen Zeiten schwer gewesen,
drum klagt er auch in jedem Jahr,
vom ersten Froste bis zur Lese.

Wenn dann die Spinne frisst und sticht,
der rote Brenner flämmt die Blätter,
ach ja, der Wurm und allerlei Mist
und überaus das schlechte Wetter.

Dann kam ein Jahr, wie an der Schnur,
reich der Behang, der Wein noch besser,
der Winzer klagt, worüber nur?
wir haben viel zu wenig Fässer.“

(Josef Kreuzberg)

Meine Kinderjahre im Winzerdorf

Mein Jugendfreund Franz Liersch 1949 – Foto DPA

Ich war vier als ich meine erste intensive Begegnung mit Wein hatte. Man schrieb das Jahr 1950 und ich kann mich heute noch daran erinnern, wohl auch deshalb, weil meine Eltern die Geschichte immer wieder im Freundeskreis erzählt haben. Alle Mitglieder einer Genossenschaft müssen den kompletten Herbst in der Winzergenossenschaft abliefern. So auch meine Eltern. Auf diese Weise wird verhindert, dass die Winzer die guten Qualitäten selbst behalten und in der Genossenschaft nur die weniger guten Trauben abliefern. Aber die Genossenschaftsverfassung, das Statut, erlaubt eine geringe Menge zum Selbstbehalt, den sogenannten Haustrunk. Mein Vater kelterte jedes Jahr in einem kleinen 200-Liter-Fass, Ohm genannt, den Wein für unseren Eigenbedarf. Stellen Sie sich also ein Barriquefass vor. Das Fass, in dem ein 1949er Spätburgunder reifte, stand im Hof neben Scheunen- und Kellereingang. Nach Jahren kriegsbedingter Entbehrung schien der Herrgott wieder ein Einsehen zu haben, denn es war schon das dritte gute Weinjahr hintereinander. Der 1949er Wein hatte nach den Aufzeichnungen des Winzer-Vereins ein mittleres Mostgewicht von 70 Grad Öchsle. Kurz und gut, das Fass erregte meine Aufmerksamkeit, der Fassspund im Boden des Fasses ganz besonders. Ich spielte daran herum und es gelang mir ihn zu lösen. Unter dem Druck des Inhalts flog er davon. Ich muss mich wohl gefreut haben, als der rote Wein über unseren gepflasterten Hof floss und im Erdreich versickerte. Als mein Vater das Malheur bemerkte,

Bad in der kleinen Wanne in unserem Hof, 1950

war es zu spät. Ich hatte seinen ganzen Stolz, seinen guten Haustrunk, buchstäblich in den Sand gesetzt. „Strafunmündig" wie ich war, ließ man Milde walten. Ob und welche Spannungen es dann zwischen den Eltern gab, weiß ich nicht. Auch bei der Weitergabe der Begebenheit herrschte über diesen Punkt eisernes Schweigen.

Unser Haus, um 1880 aus Fachwerk, Lehm, gelöschtem Kalk und Kuhmist gebaut, hatte ebenerdig die Küche und die gute Stube. Im ersten Stock befanden sich drei Schlafzimmer und darüber der Speicher. Durch das Schlafzimmer meiner Eltern ging der Kamin des Küchenherdes. Hier war es im Winter schön warm. In meinem Schlafzimmer, das ich später mit meinem Bruder teilte, eher nicht. Im Winter blühten hier Eisblumen an den Fenstern. Ein riesiges Plumeau sorgte für die nötige Wärme und einen gesunden Schlaf. Das dritte Schlafzimmer war für Gäste bestimmt, denn der Fremdenverkehr an den Wochenenden nahm zu, die Ahr machte Karriere als Naherholungsgebiet für die umliegenden Städte. Auch Belgier und Niederländer waren gern gesehen. „Zimmer mit fließendem Wasser" steigerten die Übernachtungszahlen. Und jeden Samstagnachmittag war Badetag, entweder in einer kleinen Wanne aus Zink für die Kinder oder in der großen mit der Badefolge Kind oder Kinder, Mutter, Vater.

Auf dem Speicher hatten wir eine gemauerte Räucherkammer. Wenn der in Salz gepökelte Schinken in der Kammer hing, leitete ein Schieber im Kamin

Das Stroh wird eingeholt, um 1950

den Rauch des Küchenherdes aus Buchenholz und Wachholdersträuchern dorthin ab. Nach mehrtägigem Räuchern wurde der Schinken in weiße Säckchen gepackt, und zum Lufttrocknen an den Eichenbalken des Dachstuhls aufgehängt. Ein Stück Roggenbrot, mit unserem Schinken belegt – übrigens die besten Stücke sind die direkt am Knochen – dazu ein Glas Wein, noch heute läuft mir bei der Erinnerung daran das Wasser im Mund zusammen. Allerdings war für uns Kinder der Wein noch tabu. Dass Wein gut schmeckt, habe ich aber doch im Kindesalter erfahren. Ein Ei, aufgeschlagen mit Rotwein und Zucker, war ein allseits anerkanntes Heilmittel bei drohender Erkältung und anderen Wehwehchen. Auch für Kinder. Diese Medizin war nicht nur wirksam, sondern auch besonders wohlschmeckend. Da wurde man doch gerne öfter mal „krank".

Das Nebengebäude bestand aus Scheune und Waschküche. Ebenerdig teilte sich die Scheune in einen Kuhstall und einen Schweinestall für zwei Schweine. Die kleine, rund zwei Hektar große Landwirtschaft deckte den Eigenbedarf an Gemüse, Kartoffeln sowie Heu, Gras, Stroh, Getreide und Rüben für die Tiere. Die Schweine lieferten Fleisch und Wurst. Die Kuh Butter und Milch und beide zusammen den Stallmist als Humuszufuhr für die Weinberge. Mit Transporten aller Art begleitete die Kuh den Winzer aufs Feld und in den Weinberg. Zweckdienlich war auch eine Katze, die den zahlreichen Mäusen auf dem Anwesen das Überleben schwer machte. Die Scheune beherbergte auch noch ein Plumpsklo.

Von der Jugend bestaunt: die Stärke der Winzer, 1962

Über der Scheune, auf dem Heuboden lagerten Heu und Stroh, für uns Kinder das reinste Spielparadies. Die notwendigen Eier lieferten zehn Hühner. Der Hühnerstall, direkt an der Ahr auf einem umzäunten Grundstück gelegen, musste bei Hochwasser evakuiert werden. Unsere Hühner mussten also schwimmen, jedenfalls solange bis sie von mir gerettet wurden.

Gesprochen wurde ausschließlich Dialekt. Welcome in Babylon, denn von Ort zu Ort ändert sich die Aussprache. Auch heute noch. In Ost-West-Richtung wandert die Lautverschiebung vom „i" zum „e" und endet beim „o". Das Kind heißt in Ahrweiler Kend und in Dernau Kond. Weiteres Beispiel: ein Schmiede ist in Ahrweiler „de Schmed", in Dernau dann „de Schmod". Und noch ein letztes Beispiel für „trinken": In Ahrweiler und auch noch in Rech „drenke" mir e Jlas Weng (drinken wir ein Glas Wein); in Maychoß „dronke" mir dasselbe.

Als Sprachgrenze gilt der Hubach, der Marienthal in einen Ost- und einen Westteil teilt. Der westliche Teil mit dem Augustinerinnenkloster aus dem 12. Jahrhundert gehörte früher zur Herrschaft Saffenburg, der östliche zum Kurfürstentum Köln. Noch heute ist der Bach die Grenze zwischen der Verbandsgemeinde Altenahr und der Stadt Bad Neuenahr-Ahrweiler. Auch der Umgang mit Familiennamen war und ist eigenwillig. Hier ein Beispiel aus Rech. Ein bekanntes Weingut in Rech heißt Johann-Jakob Hostert. Der Name war den Rechern offenbar zu lang. Also wurde aus Johann Hannes und aus

Unsere Winzerfamilie (Mutter Anna, Paul, Matthias und Vater Peter) in Rech, 1956

Da konnte der Herr Pastor nicht „Nein" sagen (1964 Pastor Valtentin Hilgers)

dem Jakob Kobes. Aneinander gereiht heißen sie seither die „Hanneskobese". Jeder weiß, wer damit gemeint ist. Beliebt waren und sind auch Spitznamen. Ein Mann, dessen Gangart dem einer Ente glich, hieß Zeit seines Lebens „de Ent". Ein anderer, von einem Dorf auf der Grafschaft stammend, dessen Bürger als „Kuckuck" verballhornt wurden, blieb trotz seiner Einheirat an die Ahr der „Kuckuck". Als kleiner Junge habe ich ihn einmal freundlich mit „Tach Herr Kuckuck" begrüßt. Schwerst beleidigt beschwerte er sich bei meinen Vater, der mich todernst aufklärte, dabei aber wohl in sich hinein gegrinst hat.

Unsere Sprache enthielt auch jede Menge französische Einsprengsel. Kein Wunder, denn unter Napoleon war die Ahr von 1794,1814 ein Teil Frankreichs. Begriffe aus dieser Zeit waren in meiner Kindheit häufig und jedem geläufig. Heute ist das eher selten der Fall. So erklärte ein Winzer einmal einem Feriengast, reichlich Kom-Kommere geerntet zu haben. „Eine neue Rebsorte?" schoss es dem Feriengast durch den Kopf. Was der Winzer ihm dann stolz präsentierte, waren Gurken, französisch con combre.

Unvergeßlich auch der Tag, an dem ich in einem Weingut das Telefon bedienen sollte. Der Schweiß stand mir auf der Stirn, als der Anschluss mit der dreistelligen Nummer 483 klingelte. Mit klopfendem Herzen hob ich den Hörer

Der Sonntagsausflug 1964 auf dem Weg zum Steinerberghaus

ab. Gott sei Dank, die Anruferin wusste genau, was sie wollte und verstanden hat sie mich auch. Unsere Lehrer brachten wir mit unserem durchwachsenen Hochdeutsch oft zur Verzweiflung. Gute Noten waren nicht zu erwarten. Wie denn auch, bei meiner Einschulung gab es nur eine Klasse mit acht Jahrgängen, 72 Schülerinnen und Schüler in einem Raum. Das erlebt man heute bestenfalls in einem Entwicklungsland. Ab dem zweiten Schuljahr gab es dann zwei Klassen, eine vom ersten bis zum vierten, die andere vom fünften bis zum achten Schuljahr. Besonders in Erinnerung geblieben ist mir ein Aufsatz mit dem Thema „Ein besonderes Erlebnis". Ein Mitschüler wollte den Aufsatz mit folgendem Satz einleiten: „Als mein Vater nach Haus kam, war er leicht angeheitert und schlug die Hoftür zu". Verzweifelt kramte er seinen gesamten hochdeutschen Wortschatz zusammen und schrieb: „Als mein Vater nach Haus kam, hatte er einen hutschen und klatschte die Porz zu". Wer an der Ahr angetrunken ist, hat einen „hutschen". Der Duden erklärt „hutschen" mit „hin und her schwingen", was exakt zutraf. „Klatschte" kommt im weiteren Sinne von durchziehen oder knallen, die „Porz" von Pforte. Mal ehrlich, da waren doch keine Fehler drin, oder?

Die Aussage, dass jemand einen „hutschen" hat, sagt aber noch nichts über den Grad der Betrunkenheit aus. Die Steigerungsformen sind: enne kleine hutsche,

Recher Junggesellen auf dem Rundgang zu ihren Mailehen, 1964

öerntlich (stark) eine hutsche, jehüerisch (sehr stark) eine hutsche. Da der Begriff negativ besetzt ist, vermied man ihn bei Autoritätspersonen. War das beispielsweise der Pastor – ja, auch das kam vor – sagte man vornehm: „Sieh an, der Herr hat sich erfrischt“ oder ganz ehrfürchtig „Da geht der Herr, dem war der Wein zu schwer“. Traf der Pastor auf dem Heimweg auf die Junggesellen, wurde aus der Erfrischung auch schon mal eine längere Erfrischungskur.

Ja, die Junggesellen. Wie haben wir sie als Zehnjährige beneidet. Aber man konnte erst mit 18 Jahren dem Junggesellenverein beitreten. Also erst in einer Ewigkeit. Obwohl – manche Bräuche fanden wir auch doof. Zum Beispiel das Steigern der Mailehen, meint, der Mädchen im Dorf. Wie der Name sagt, die Mädchen wurden mittels Steigerung nur für den Monat Mai geliehen. Nach dem Bürgerlichen Gesetzbuch unentgeltlich und im alten Zustand an die Eltern zurückzugeben. In den meisten Fällen klappte das auch.

Bei der Mailehen-Versteigerung kamen nicht immer glückliche Paarungen heraus. Die jungen Herren steigerten die jungen Damen ohne deren Wissen und Einverständnis, meist aus Zuneigung, aber auch aus reinem Übermut oder aus einer Alkohollaune heraus. Es kam auch vor, dass die Eltern, wahlweise von der einen oder anderen Seite, von dem Steigerungsergebnis nicht wirklich angetan waren. Bei bereits festen Paaren musste der junge Mann oft tief in

Es gab viele Neuigkeiten bei den Erzählungen im Weinberg, 1977, Lage Dernauer Goldkaul

die Tasche greifen, um seine Liebste als Mailehen zu ersteigern. Und wehe, er erwies sich als Sparfuchs. War die Tochter dann gesteigert und der junge Mann fand Gnade vor den Augen der Eltern, fühlten sich häufig die Väter besonders geschmeichelt. Natürlich nutzten die Junggesellen das aus. Mit einem kleinen Weinfass, einem Ohm, bewaffnet, besuchten sie am 1. Mai ihre Mailehen und die Väter waren verpflichtet, zur Füllung des Weinfasses beizutragen. So gab es den ganzen Mai eine süffige Cuvée. Aber soweit war es noch nicht.

Zurück zum Alltag und zur Arbeit. Auch wir Kinder mussten selbstverständlich mit anpacken. Eine besonders ungeliebte Arbeit war das „Räweraafe". Hier mussten die Eltern oft mit in Aussichtstellung auf ein kleines Taschengeld nachhelfen. Es galt, das überschüssige Rebholz, das im Januar oder Februar geschnitten und unzerkleinert auf den Boden lag, zu Bündeln zu sammeln. Die Bündel wurden dann von den Eltern mit Weiden gebunden und dienten als Brennholz, vor allem zum Anfeuern des heimischen Herdes oder auch des Backofens. Als Lohn kassierten wir das versprochene Taschengeld und im November eine „Rückvergütung" in Form von Rebenbündeln als Beitrag für das Martinsfeuer.

Aber vor St. Martin stand noch der Höhepunkt im Winzerjahr an: die Traubenlese. Dann war die ganze Verwandtschaft gefordert. Bei der Lese wurde viel

Anlieferung des Leseguts im Winzerverein Rech, 1965

erzählt und viel gesungen. Den Grund für die Singerei habe ich erst viel später verstanden. Mit vollem Mund singt es sich schlecht. Will heißen, wer sang, aß weniger, was die Erntemenge – wenn auch nur marginal – ansteigen ließ. Von morgens bis abends, nur unterbrochen von einer kurzen Verpflegungspause am Mittag und natürlich vor Ort, schnitten wir fleißig Trauben in die sogenannte „Schlott", einen Leseeimer mit 10 bis 15 Liter Inhalt. Die Schlott leerte der Vater in eine etwa 50 Kilo fassende Kiepe, Esel genannt. Nur in Dernau war die Kiepe eine Kiepe, weil die Dernauer an der Ahr die „Esele" genannt wurden. Die Recher waren die „Knign", die Kaninchen, die Bachemer die „Merle", die Amseln. War der Esel voll, wuchtete Vater ihn auf den Rücken und machte sich auf den Weg zur Fuhrbütte, die auf einem Transportfahrzeug ober- oder unterhalb des Weinbergs stand. Das machte er den ganzen Tag, immer rauf und runter. Eine Fuhrbütte fasste 150 bis 200 Kilo, eine bis zwei davon schaffte eine geübte Lesekraft am Tag. Mit den vollen Fuhrbütten ging es dann zum Winzerverein. Wegen des starken Andrangs dauerten die Wartezeiten zur Entleerung der Bütten oft bis Mitternacht. Was aber gern in Kauf genommen wurde, hatte man doch Zeit, sich über die Lese auszutauschen und das eine oder andere Glas Wein zu trinken. Entsprach die Anlieferung nach Gewicht und Qualität den Erwartungen, vielleicht auch ein Glas mehr. War das nicht der Fall, musste der Kummer ertränkt werden. Egal, im Ergebnis hatte man einen …, na, Sie wissen schon. Als Sohn eines Winzers war klar, dass man in Vaters Fußstapfen trat. Das war auch bei mir so. Zwar hätte es meine Lehrerin gern gesehen, wenn ich Abitur gemacht hätte, aber das war mangels Schulgeld

Vier Klassen in der Dorfschule in Rech Unterstufe Volksschule (1. – 4. Klasse): Entlassung 1959 - 1962

Spätere Berufe: 5 Weinbau, 10 Handwerk, 5 Gymnasium, 10 Dienstleistung

undenkbar. Die einzige Ausnahme für gute Schüler wenig bemittelter Eltern war der Priesterberuf. Das unterstützte dann die ganze Verwandtschaft und auch sonst noch so geizige Tanten und Onkel öffneten ihr Portemonnaie. Aber Priester wollte ich nicht werden.

Als mein Vater 1959 plötzlich starb, ich war 13, mein Bruder 5 Jahre alt, gab es keine Alternative. Von heute auf morgen war ich der Ernährer der Familie. Meine Kenntnisse im Weinbau waren eher lückenhaft, und da mein Vater als Lehrherr fehlte, lernte ich aus meinen zahlreichen Fehlern. Mein bester Lehrer war die Natur. Und das ist heute noch so. Wer die Wunder der Natur erfahren will – so auch mein späterer Weinbaudozent – begebe sich in einen Weinberg und beobachte die Rebe und ihren Lebensraum. Selbstständigkeit und Verantwortung in ganz jungen Jahren sollten mein weiteres Leben bestimmen. Und einen Abschluss habe ich auch noch gemacht. Nach zwei Wintersemestern an der Weinbauschule meldete ich mich zum Berufswettkampf der deutschen Landjugend und erreichte über die Qualifikationen in Kreis und Land den Bundesentscheid, wo ich mich – als einziger Ungelernter – unter jungen Meistern wiederfand. Dieser Erfolg ließ auch den Direktor der Weinbauschule Kurt Broicher aufhorchen. Er verschaffte mir eine Lehrstelle in der Weinbaudomäne Marienthal, die ich, angesichts der Arbeit zu Hause, nicht immer nutzen konnte. Nach einem Jahr Lehrzeit erhielt ich die Zulassung zur Gesellenprüfung an der Weinbauschule in Cochem an der Mosel, die ich mit Erfolg ablegte.

Zum Winzer geboren

Noch in den 1950er Jahren war der Beruf des Winzers ein geborener. Das heißt, nach der Entlassung aus der 8. Klasse der Volksschule ging man beim Vater in die Lehre. Diese praktische Seite der Ausbildung wurde einen Tag in der Woche in der Fortbildungsschule, die später in der Berufsschule aufging, theoretisch begleitet. Man hatte die Wahl zwischen der Landwirtschafts- oder der Jungarbeiterklasse. Da bei den Jungarbeitern das Geldverdienen im Vordergrund stand, war diese Klasse am Anfang besser besucht als die auf Fachwissen ausgerichtete Landwirtschaftsklasse. Das änderte sich allerdings relativ schnell. Der Grund war, das immer mehr Jugendliche einen anderen, meist einen Handwerksberuf, lernten. Weil sie aber den Weinbau nicht aufgeben wollten und die zunehmende Mechanisierung ihnen die Möglichkeit bot, ihre Parzellen nach Feierabend zu bewirtschaften, war das Fachwissen der Landwirtschaftsklasse mehr und mehr gefragt. Damit wurde der Vollerwerbswinzer, der die Familieneinnahmen im Tagelohn aufbesserte, endgültig zum Auslaufmodell. Der „Feierabendwinzer", heute „Nebenerwerbswinzer" war geboren. Für den Vollerwerbswinzer gab es zwei Ausbildungsberufe: zum Winzer und zum Weinhandelsküfer. Der Winzerberuf umfasste die gesamte Weinbergsarbeit, der des Weinhandelsküfers die Kellerwirtschaft. An der Ahr fand die beide Berufsrichtungen umfassende Meisterprüfung zum ersten Mal 1966 statt.

Erste Winzermeisterprüfung an der Ahr, 1966

Die Weinbauschule - „Universität" der Winzer

Am 2. Oktober 1902 wurde die Landes-, Lehr- und Versuchsanstalt für Obst- und Weinbau in Ahrweiler gegründet. Sinn und Zweck der Anstalt war, die Anbaumethoden im Obst- und Weinbau zu verbessern und sich der individuellen Probleme der Winzer, Landwirte und Obstbauern anzunehmen. Die Schule kam erst später dazu, entwickelte sich aber rasch zur Hauptaufgabe. Insgesamt wurden vier Klassen eingerichtet, je eine für Winzer, Landwirte und Obstbauern sowie eine für Hauswirtschaft. Die Mädchen, überwiegend aus der Eifel, waren im Internat untergebracht. Der Unterricht fand jedes Jahr vom 1. November bis 31. März statt. In dieser Zeit ruht die Vegetation. Man hatte also Zeit zum Lernen, außerdem war die Teilnahme am Unterricht kostenlos und freiwillig. Und glauben sie mir, die Anforderungen waren hoch. Dass der gute Ruf der Lehranstalt bis ins Ausland reichte, beweist die Tatsache, dass drei meiner Mitschüler aus Südtirol kamen, die dort heute landesweit bekannte „Weinmaker" sind. Außergewöhnlich für die damalige Zeit war auch die einzige Frau in der Winzerklasse. Sie war Ordensschwester bei den Ursulinen im Kloster Calvarienberg und hatte dort die Oberaufsicht über die klostereigenen Weinberge und den dazu gehörigen Keller.

Eine nette Anekdote am Rande. Die Südtiroler wohnten in einem Weingut in Ahrweiler. Und sie waren bei den Mädchen sehr beliebt. Allerdings wurden sie von der Schulleitung im Internat gut behütet. Aber wo ein Wille ... Jedenfalls musste einer der Herren das Internat einmal statt durch die Tür durch ein Fenster im 1. Stock verlassen. Ergebnis: ein gebrochener Arm. Ob es auch gebrochene Herzen gab, entzieht sich meiner Kenntnis.

Das Musterweingut Staatsweinbaudomäne

Von 1811 bis 1904 wechselte das ehemalige Kloster achtmal den Besitzer. Im Zuge des Ausbaus der 1904 begonnenen Eisenbahnstrecke von Liblar nach Rech erwarb die Deutsche Reichsbahngesellschaft die Liegenschaft. Nachdem es im Rheingau, an der Nahe und an der Saar bereits staatliche Weinbaudomänen gab, die dem Weinbau der jeweiligen Region neue, erfolgreiche Impulse gaben, wollte man an der Ahr diesem Beispiel folgen. Die Bemühungen waren erfolgreich, was sicher auch dem intensiven Einsatz des Weingutsbesitzers Wilhelm Schäfer aus Ahrweiler zu verdanken ist.

Schäfer hatte wohl die Worte des damaligen Staatssekretärs im preußischen Landwirtschaftsministerium Eberhard Ramm, im Ohr: *„Kaufen sie keinen Josefshof, auf dem kann jeder wirtschaften. Der Einwand, die beste Ertragslage gekauft zu haben, würde der Domänenverwaltung für alle Zeit anhängen. Kaufen Sie aber auch nicht das Schlechteste, mit Gewalt braucht sich die Verwaltung nicht zu blamieren".*

Die im Seitental entlang des Hubachs gelegene Liegenschaft erfüllte diese politischen Vorgaben. Am 04.12.1924 gab der amtliche Preußische Pressedienst bekannt (Auszug): „...*Um den stark darniederliegenden Ahr-Rotweinbau zu heben und ihn durch vorbildliche Arbeit neu zu befruchten, hat die Staatsregierung das der Reichseisenbahnverwaltung gehörende Klostergut Marienthal im Tauschwege gegen forstfiskalische Flächen erworben. Sie wird hier durch Umwandlung von Waldflächen ein Mustergut schaffen, das voraussichtlich den gleichen segensreichen Einfluss auf den Ahr-Wein und die Ahr-Winzerbevölkerung ausüben wird, wie ihn die staatlichen Weinbaudomänen im Rheingau, an der Mosel, Saar und Nahe schon seit langem ausüben.*"

Nicht in den Tauschhandel einbezogen war der ca. 200 Meter lange Bahndamm zwischen dem Kuxberg- und dem Trotzenbergtunnel. Die Hoffnung auf den Weiterbau der Bahnstrecke hatte man auch nach dem Versailler Vertrag nicht aufgegeben.

Weinbauschule, Gebäude 1-3 in der Flachlage Walporzheimer Himmelchen

Jetzt hatte die Ahr zwar ihre Domäne, aber deren Rebfläche war mit gut vier Hektar einfach zu klein. Also machte man sich daran, die Niederwaldhänge des Seitentales so weit wie möglich nutzbar zu machen. 1934 hatte man die Rebfläche durch Rodung bereits um 10 Hektar Rebfläche erweitert.

Um modernen Weinbau zu betreiben, musste vordringlich die Reblaus bekämpft werden. Die Methode, europäische Edelreben auf amerikanisches Unterholz zu pfropfen, setzte sich in Deutschland erst ab 1925 langsam durch. Da geeignete Amerikanerreben nicht so leicht zu beschaffen waren, legte die junge Domäne 1926 auf 2,5 Hektar Muttergärten mit amerikanischem Rebholz an. 1929 startet man dann einen ersten Versuch mit Pfropfreben aus eigener Veredelung. Mit rund 400 Frühburgunder-Reben begann ein neues Zeitalter im Ahrweinanbau. Die durch Rodung neu gewonnenen Weinberge bepflanzte man zu 76 Prozent mit roten und zu 18 Prozent mit weißen Rebsorten. Der Anteil der amerikanischen Muttergärten belief sich auf 6 Prozent, was darauf schließen lässt, dass man das Projekt Propfrebe eher vorsichtig anging.

Die Weinbaudomäne sah in den ersten Jahrzehnten ihres Wirkens ihre Hauptaufgabe in der Selektion, also in der Verbesserung, der bereits vorhandenen Rebsorten. Dafür spricht, das in den Neuanlagen überwiegend traditionelle Rebsorten angebaut wurden und auch der Anteil der wurzelechten Rebsorten mit 37 Prozent noch sehr hoch war.

Die erste rote Neuanpflanzung war der Schwarzriesling. Die Reihe der weißen Rebsorten erweiterte als erster der frühreifende Goldriesling, eine Kreuzung aus Riesling und frühreifem gelbem Malinger. Der gelbe Malinger war eine beliebte Weißweinrebe, die vorwiegend auf den weniger besonnten Parzellen in Rech und Mayschoß angebaut wurde. Da er sehr säurearm und bukettreich war, wurde er gern mit Riesling verschnitten. Heute ist weltweit nur noch ein Weinberg übriggeblieben. In der Lage Walporzheimer Pfaffenberg stehen noch 1.300 Stöcke. Der Goldriesling konnte sich an der Ahr nicht durchsetzten, er ist nach Sachsen abgewandert und wird dort als Spezialität gehandelt.

Bei den roten Rebsorten schien der Rebenzüchter Dr. Lotz in den 1960er Jahren das Ei des Columbus gefunden zu haben. Léon Millot hieß das Wunderkind, eine Kreuzung aus Amerikanerrebe mit dem o.g. Goldriesling. Léon Millot reift früh und vollständig aus und ist gegen Mehltau weitgehend resistent. Besser geht es doch nicht, oder? Na ja, es handelte sich um eine Hybridrebe, deren

Ruine des Klosters Marienthal, Lit. Jean-Nicolas Ponsart, 1836

Felsnase der „Bunten Kuh"

Anbau in Deutschland nur zu Versuchszwecken erlaubt war. Auch konnte sie ihre amerikanische Herkunft nicht verleugnen, und der leichte Fuchs-Ton entsprach nicht dem europäischen Geschmack. Als mich Dr. Lotz einen 1964er Léon Millot probieren ließ, nickte ich zwar zustimmend, fühlte mich aber insgeheim an unsere Katze erinnert, die oft einen ähnlichen Duft verströmte. Alle Bemühungen die Rebe salonfähig zu machen, führten ins Leere. Dr. Lotz schaffte es zwar, die Rebsorte mit dem Synonym Frühe Schwarze zu belegen, aber ihre Zulassung beim Bundessortenamt erfolgte erst 2008, da hatte sie die Ahr bereits verlassen.

Allen Anstrengungen zum Trotz gelang es der Weinbaudomäne nicht, das größte Problem der Ahrwinzer zu lösen: die Züchtung einer geeigneten Spätburgunderrebe. Durch Selektion wurde das Pflanzmaterial an der Ahr zwar verbessert, einen durchschlaggebenden Erfolg gab es aber nicht. Das Erbe der Rebenzüchtung sind drei Klone, die heute interessant sind. Der Klon mit der Bezeichnung AW 6/38 ist zwar kein Massenträger, hat aber seinen Platz im Qualitätsweinanbau. Dazu kommen die Klone „Huff 12“ und „Huff 25“. Der namensgebende Züchter Wilfried Huff war beamteter Diplomingenieur in der Weinbaudomäne und widmete seine ganze Laufbahn dem Spätburgunder. Die Ergebnisse seiner Züchtungen wurden in der Versuchsanstalt in Remich/Luxemburg weiterentwickelt und sind am heutigen Markt verfügbar.

Blick auf das Weingut Kloster Marienthal

Ruine Klosterkirche Marienthal

Erfolg hatte die Weinbaudomäne bei der Rebenerziehung. Sie empfahl den Winzern, die traditionelle Einzelpfahlerziehung, wann und wo immer möglich, durch die Drahtrahmenerziehung zu ersetzen, da sie den Arbeitsaufwand im Weinberg dauerhaft senkt. Viel Überzeugungsarbeit, diese Erziehungsmethode umzusetzen, war bei den Winzern also nicht nötig.

Was die Kellerwirtschaft betrifft, erhoffte man sich besonders von den staatlichen Einrichtungen die größten Erfolge. Aber wie sollte das gehen? Sie erinnern sich? Beim Ankauf der Liegenschaften zur Einrichtung der Staatsdomänen waren beste Ertragslagen politisch nicht erwünscht. 50 Jahre später hatte man das vergessen – Politik eben – und verlangte aus dem eigenen Staatskeller nur das Beste. 1976 kam dann, was kommen musste. Unter der Überschrift „Weinfälschungen im Staatsbetrieb" überschlugen sich die Medien geradezu in ihrer Berichterstattung. Der Stern der Weinbaudomäne Marienthal sank. Im Zuge der Agrarverwaltungsreform wurde die Staatsdomäne 2004 in das Dienstleistungszentrum „Ländlicher Raum" eingegliedert. Zwei Genossenschaften und zwei Weingüter aus dem Ahrtal kauften das Anwesen gemeinsam und gründeten mit dem neuen Weingut Kloster Marienthal einen heute überaus wirtschaftlichen Privatbetrieb. Äußerlich ist das Anwesen seit 100 Jahren unverändert.

Das Kloster Marienthal

Mit dem Weinbau an der Ahr eng verbunden ist das älteste Kloster des Ahrtals, das Kloster Marienthal. Stifter des Klosters im Jahr des Herrn 1137 waren die Herren von Saffenburg, deren namensgebende Burg in Mayschoß stand. Doch die Herren von Saffenburg besaßen bereits ein Hauskloster, das Kloster Klosterrath, das es immer noch gibt. Heute heißt es Rolduc und liegt in der niederländischen Provinz Limburg. Dieses Kloster war ein Doppelkloster, das heißt, es beherbergte Mönche und Nonnen unter einem Dach. Zu dieser Zeit nichts Ungewöhnliches. Damit das Kloster florieren konnte, hatten die Saffenburger es mit ordentlich Landbesitz bedacht, darunter auch im und um das Hubachtal. Mit der Stiftung des Klosters Marienthal ergab sich die Gelegenheit, die Geschlechter zu trennen. Was man auch tat. 37 Nonnen des Klosters Klosterrath zogen also ins Ahrtal, um hier nach den Regeln des Heiligen Augustinus erfolgreich Kloster- und Weinbaugeschichte zu schreiben. Die Klosterfrauen von Marienthal gelten als die ersten Winzerinnen an der Ahr. Allerdings blieben die frommen Bräute Christi bis zur Säkularisierung 1804 unter Oberaufsicht des Mutterklosters. Kloster Marienthal unterstand keiner Äbtissin sondern einem Prior. 1811 versteigerte die französische Regierung die Klosterruine, die so in Privatbesitz kam.

Den Grundstein für den erfolgreichen Weinbau des Klosters Marienthal legte Enbrico von Mayschoß, der Mönch in Klosterrath war. Er erkannte schon früh die Eignung der Hänge in der Umgebung von Marienthal für den Weinanbau und ließ bereits im Jahr des Herrn 1115 am „Hangenden Fels" einen Weinberg anlegen. Vermutlich ist damit die Felsnase der „Bunten Kuh" bei Walporzheim gemeint. Im Jahr des Herrn 1138 legten die Brüder von Klosterrath an einem Berghang in Heckenbrucha einen weiteren Weinberg an. Gemeint ist wohl der Ausgang des Heckenbachtals gegenüber der Bunten Kuh, heute Einzellage Himmelchen. Es muss sich bei beiden Weinbergen also um Steillagen gehandelt haben, die nur mit der Befestigung durch Mauern zu bewirtschaften waren. Dies untermauert die Annahme, dass die ersten Terrassen-Weinberge an der Ahr im 11. und 12. Jahrhundert entstanden sind.

Der radikale Umbruch im Ahrweinbau

Die Anfänge des modernen Weinbaus

Nach dem Zweiten Weltkrieg lag der Weinbau an der Ahr am Boden. Von ehemals über 1.000 Hektar war die Weinanbaufläche um fast zwei Drittel auf 395 Hektar geschrumpft. Ungünstige Wetterbedingungen, die Politik des Preussischen Zollvereins, der Reblausbefall und zwei Weltkriege hatten ganze Arbeit geleistet. Dazu kam noch die Zersplitterung in kleine und kleinste Weinbergsparzellen durch jahrhunderterlange Erbteilung. Und die waren in der Regel auch noch gemeindeübergreifend verstreut. Die Zersplitterung war so stark, dass beispielsweise im Mayschosser Mönchberg auf knapp drei Hektar Rebfläche 247 Parzellen kamen. Die Durchschnittsparzelle betrug hier 1,2 Ar, ein Ar gleich 100 Quadratmeter. Von den 1227 Weinbaubetrieben an der Ahr besaßen nur 67 eine Rebfläche von mehr als einem Hektar. Viele Grundstücke waren nur über Nachbarparzellen zu erreichen.

Nehmen wir unseren Betrieb in Rech als Beispiel. Wir hatten 1950 auf einer Fläche von 1,5 Hektar 34 Weinbergsparzellen zu bewirtschaften, die außer in Rech auch noch in Kreuzberg, Dernau und Ahrweiler lagen. Die Entfernung zwischen den am weitesten auseinander liegenden Parzellen betrug 18 Kilometer. Kein Wunder, dass die Bewirtschaftung eines Hektars Rebfläche Anfang der 1950er Jahre 3075 Arbeitsstunden erforderte. Das schafften meine Eltern – neben ihrer kleinen Landwirtschaft – nicht allein. Abhilfe brachte die gelegentliche Beschäftigung ortsansässiger Tagelöhner. Wir lieferten die Trauben in den 1874 gegründeten Recher Winzer-Verein und hatten so wenigstens im Winter eine kurze Atempause. Der Winzerverein hatte 130 Mitglieder, 21 Betriebe im Ort waren nicht genossenschaftlich organisiert. Macht zusammen 151 Winzerbetriebe. Und das nur in Rech, in den anderen Dörfern sah es ähnlich aus. Dass sich so keine Reichtümer erwirtschaften lassen, liegt auf der Hand. Es ist also kein Wunder, dass immer mehr Winzersöhne in die Industrie oder ins Handwerk abwanderten, wo mit weniger Arbeit mehr Geld zu verdienen war.

Fahrkuh auf der Bundesstraße im Weinort Rech, 1948

Vom Ochsen zum Traktor

Wer vor dem 2. Weltkrieg einen Ochsen sein eigen nannte, galt als fast reich. Meine Großeltern bewirtschafteten in Ahrweiler eineinhalb Hektar Weinberg sowie einige Hektar Acker- und Weideland. Und sie besaßen einen Ochsen, „Bruno“ genannt. „Bruno“ war eine sehr wertvolle Arbeitskraft und festes Mitglied der Familie. In ganz Ahrweiler gab es nur noch einen weiteren Ochsen.

Wer sich keinen Ochsen leisten konnte, hielt sich in der Regel eine Fahrkuh. „Eine Kuh deckt jede Not zu“ war ein geläufiger Spruch. Fahrkühe waren als Transporteur, Milchlieferant und mit dem Stallmist auch als Düngerlieferant sogenannte Alleskönner. Wer sich nicht einmal eine Fahrkuh leisten konnte, war im wahrsten Sinne des Wortes arm dran. Und das war gar nicht so selten.

Anfang der 1950er Jahre begann die Mechanisierung im Weinbau mit dem Einsatz der ersten Traktoren. Anfangs benutzte man sie ausschließlich als „Zugmaschine“ zum Weinberg und zurück. In Dernau stieg die Zahl der Traktoren von einem im Jahr 1950 auf 29 im Jahr 1955. In Rech kaufte mein Vater 1953 den dritten Traktor im Dorf, gebraucht, zum Preis von 2.500 Deutsche

Traubenlese mit geschmücktem Ochsen: Familie Lingen aus Ahrweiler, 1943

Mark. Es handelte sich um einen Deutz – Bauernschlepper, Baujahr 1950, 12 PS, Handkurbel, Höchstgeschwindigkeit 15 Km/h. Aufgrund des plötzlichen Todes meines Vaters 1959 durfte ich diesen Schlepper mit Sondergenehmigung schon im Alter von 14 Jahren fahren.

Mitte der 1950er Jahre kam eine kleine Fräse auf den Markt, das sogenannte Solo, das heute noch in vielen Gärten gute Dienste tut. Die Ahrwinzer waren begeistert und das Solo begann seinen Siegeszug. Auch mein Vater konnte der Versuchung nicht widerstehen und kaufte 1955 eines, direkt im Anschluss an die Vorführung. Es kostete über 700 Deutsche Mark, damals enorm viel Geld. Aber die Arbeitserleichterung gegenüber der Handhacke war erheblich. Allerdings ließ die Marktreife der ersten Geräte zu wünschen übrig, dauernd rußende Zündkerzen führten zum Beispiel zum Einkauf der Kerzen en gros. Die frei rotierenden Messer waren zudem nicht ungefährlich. Es gab gelegentlich Unfälle, die aber glimpflich ausgingen. Eine weitere Arbeitserleichterung brachte Anfang der 1960er Jahre eine Motorseilwinde mit Sitzpflug, genannt „Zieh-Max". Motor und Pflug mussten aber immer noch über die Mauern der Weinbergsterrassen transportiert werden. Das änderte sich erst nach der Flurbereinigung, indem eine Seilwinde am Traktor, in der Falllinie des Weinbergs auf dem Wirtschaftsweg stehend, den Antrieb des „Zieh-Max" ersetzte.

Der Pflug war mit wenigen Handgriffen zu einem Grubber, auch Schargel genannt, umzubauen und hat sich bis heute gehalten. Im Pflanzenschutz ersetzte eine motorgetriebene Rückenspitze die handbetriebene Rückenspritze. War schon gut. Noch besser ist allerdings die moderne Schlauchspritze, die vom Zapfwellengetriebe des Traktors angetrieben wird. Neben der Schlauchspritze nutzen heute viele Winzer, besonders in den Steillagen, auch den Einsatz von Hubschraubern.

Grüner Plan

Die furchtbaren Erlebnisse des Zweiten Weltkrieges und die darauf folgenden Hungerjahre hinterließen bei der Bevölkerung tiefe Spuren. Bedarfsdeckung mit Lebensmitteln bei Importunabhängigkeit war das Ziel, weshalb der bäuerliche Familienbetrieb erhalten bleiben sollte. Das konnte nur gelingen, wenn der Betrieb genug abwarf, um davon vernünftig leben zu können, was an der Ahr häufig nicht der Fall war. Die meisten Winzer konnten sich nicht einmal eine Krankenversicherung leisten, von kleinen Annehmlichkeiten des Lebens ganz zu schweigen. Der Arzt Dr. Georg Habighorst aus Ahrweiler war mit dieser Situation bestens vertraut. Er behandelte in seiner Praxis auch nicht versicherte Kranke, honoriert wurde er dafür, wenn überhaupt, mit ein paar Flaschen Wein.

Dr. Habighorst war aber nicht nur Arzt, sondern auch ein leidenschaftlicher Politiker. Schon zur Weimarer Zeit war er Mitglied der Zentrumspartei. Seit 1947 gehörte er als Mitglied der CDU dem Landtag von Rheinland-Pfalz an und war bis zu seinem plötzlichen Tod am 9. Dezember 1958 Vorsitzender des Haushalts- und Finanzausschusses. Seinem Einsatz ist ein ganzes Bündel von Fördermaßnahmen zu verdanken, vom Wegebau über die Flurbereinigung bis hin zur gesetzlichen Alterskasse für Landwirte und Winzer. Bei vielen regionalen Projekten im Kreis Ahrweiler, so zum Beispiel dem Wirtschaftswegebau konnten sich die Winzer auf die finanzielle Unterstützung aus der Landeshauptstadt Mainz verlassen. Der Ausbau fand außerhalb der Vegetationsperiode durch entlohnte Winzer statt. Auch beim ersten Flurbereinigungsverfahren wurden die finanziellen Verluste im Weinberg durch bezahlte Arbeit im Wegebau gemildert. Die als Landesmittel weitergegebenen Gelder entstammten dem „Grünen Plan“, einem Förderprogramm der Bundesregierung. In Ahrweiler wurde Dr. Habighorst eine Straße und in Dernau ein Wirtschaftsweg gewidmet.

Der Strohhuttourismus

Zu Beginn der 1950er Jahre wurde die Ahr zu einem beliebten Naherholungsgebiet für die Städter aus dem Ruhrgebiet. Der so genannte Strohhut-Tourismus kam auf, das Geschäft mit dem Wein florierte. „Wenn es dem Esel zu wohl wird, geht er aufs Eis", sagt ein Sprichwort. Da der selbst erzeugte Wein der Touristenhochburgen im Ahrtal nicht ausreichte, sorgte man eben anderweitig für Nachschub. Ein Genossenschaftswinzer brachte es nach einer Generalversammlung in Ahrweiler auf dem Punkt, indem er sang: „In der Pfalz wachsen unsere Reben…". Da wuchs Wein im Überfluss und die Gäste? Naja, die merken das sowieso nicht – und überhaupt und so. Mit anderen Worten, man nahm die Situation auf die ganz leichte Schulter.

Der Südwestfunk brachte dieses Treiben dann am 18. Januar 1960 unter dem Titel „Ohne Maß und Glas" ans Licht der Öffentlichkeit. Einen Monat später

Strohhuttourismus an der Ahr, um 1955

beschäftigte sich dann auch noch der Spiegel eingehend mit den Verhältnissen vor Ort. Als Folge dieses Skandals wanderten die Touristen nach Königswinter und Rüdesheim ab.

Jetzt war guter Rat teuer, aber im Portemonnaie herrschte Leere. Der Recher Winzer-Verein, als Genossenschaft mit unbeschränkter Haftung, stürzte mit einer enormen Überschuldung das ganze Dorf in den Ruin. Meine Mutter musste sich an der Tilgung des Schuldenberges mit über 7.000 Deutsche Mark beteiligen, dem Bruttoeinkommen eines ganzen Jahres. Da die notwendige Zusammenlegung der Weinberge an der Mittelahr aus den verschiedensten Gründen immer wieder hinausgeschoben wurde, gerieten wir in eine tiefe Depression. Mit staatlicher Unterstützung suchte man nach neuen Absatzwegen. Hoffnung verbreitete Ende 1968 die Ahrtalkellerei, gedacht als Absatzgenossenschaft, der sich die meisten Winzergenossenschaften anschlossen. Der Erfolg blieb leider aus.

Die Flurbereinigung

Eisbruch der Ahr im April 1956 – Zeuge des starken Frostes

Das Flurbereinigungsgesetz von 1953 war die Grundlage für eine neue Bodenordnung, an der Ahr auch Zusammenlegung genannt, was exakt das Ziel des Gesetzes bezeichnet. Diese Maßnahme war angesichts der großen Zersplitterung unserer Weinbergsparzellen für einen zukunftsfähigen Weinbau mehr als überfällig. Schon 1929 hatte der Bürgermeister von Bad Neuenahr die kritische Entwicklung erkannt und ein Flurbereinigungsverfahren angeregt. Bei den Winzern stieß er damals aber auf taube Ohren, weil sie erstens die hohen Kosten und zweitens den unvermeidlichen Streit im Dorf fürchteten. Denn eine optimale und alle zufriedenstellende Flurbereinigung hat naturgemäß ihre Tücken. Anfänglich nur auf die Zusammenlegung der zersplitterten Grundstücke ausgerichtet, schließt das Flurbereinigungsgesetz nach mehrfachen Änderungen heute den Naturschutz und die Landschaftspflege mit ein.

Der eiskalte Winter 1953 führte zu enormen Frostschäden. Noch schlimmer war der Februar 1956, als die Temperaturen auf minus 26 Grad fielen, so dass die Rebstöcke bis in den Boden abfroren. Der Ahrweiler Winzer-Verein, der in normalen Jahren 300.000 Liter Wein produzierte, füllte 1956 gerade mal ein Doppelstückfass von 2.400 Litern Fassungsvermögen.

Erst jetzt, wo eh nichts mehr zu gewinnen war, entschlossen sich die Winzer im Ehlinger Kapellenberg, wo die Schäden besonders hoch waren, endlich zur ersten Flurbereinigung an der Ahr. Die Gesamtfläche im Flurbereinigungsgebiet Ehlingen von 80 Hektar zerfiel auf 2969 Grundstücke und 445 Eigentümer. Davon waren etwa 20 Hektar geeignetes Weinbergsland. Insgesamt fanden an der Ahr bisher 11 Flurbereinigungsverfahren statt.

1954

1972

2017

Flurbereinigung Marienthal Kulturlandschaft im Wandel

Dabei ging man schrittweise vor, von Ehlingen ahraufwärts. Und natürlich gab es Streit. 1960 setzten in Bachem vor allem Winzerinnen, durch den Genuss von Trester- und Hefeschnäpsen angeregt, den Beamten der Flurbereinigungsbehörde derart zu, dass sie den Saal fluchtartig verließen. Nie wieder Bachem, so war zu hören. Bei der fast zeitgleichen Versammlung zum gleichen Thema für Lantershofen, Karweiler und Bad Neuenahr ging es deutlich gesitteter zu. Die Weinberge in Bachem hatten aber eine politische Bedeutung. Jedesmal, wenn die Eskorte der Bonner Politiker von der Grafschaft nach Ahrweiler abbog, bot sich im gegenüber liegenden Bachem ein wüstes Bild. Von wegen intakte Kulturlandschaft. Die Staatssekretäre Michael Kohl, DDR, und Egon Bahr, BRD, bereiteten 1972 in zähen Verhandlungen den Grundlagenvertrag vor, einer der entscheidenden Schritte auf dem Weg zur Wiedervereinigung. Zum erfolgreichen Abschluss haben die Abendbankette im Weinhaus St. Peter in Walporzheim und der dabei ausgeschenkte Ahrwein sicherlich das ihre beigetragen. In diesem Zusammenhang wurde auch den Bachemer Winzern die Misere „Blick auf Bachem" klar und so wurde am 28.11.1974 das Flurbereinigungsverfahren Bachem neu begonnen. Ahrweiler folgte 1981. Von den heute 560 Hektar Rebfläche sind ca. 500 Hektar flurbereinigt. Viele Klein- und Kleinstwinzer gaben auf, die Kulturlandschaft veränderte sich. Und die Winzer sind zufrieden, u.a. auch, weil sich der Arbeitsaufwand pro Hektar und Jahr von über 3.000 Stunden auf 1.400 Stunden mehr als halbiert hat.

Weinbergs-Aufbaugemeinschaft Ahrtal

Mit der Flurbereinigung ging die Gründung der „Weinbergs-Aufbaugemeinschaft Ahrtal“ am 17. September 1957 einher. Deren Aufgabe war, den Wiederaufbauplan zu erstellen und dabei den Winzern geeignete Rebsorten zu empfehlen. Der Bezug der Reben und des sonstigen notwendigen Materials erfolgte durch die Aufbaugemeinschaft aus einer Hand. Sie hatte auch die Umstellung von der Einzelpfahlerziehung auf die weniger arbeitsintensive Drahtrahmenerziehung im Programm, mit der ein Stück Mechanisierung im Steillagenweinbau einherging. Eine Seilschwebebahn, die die Brüder Artur und Otto Pieroth aus Bingen bereits 1947 für den eigenen Betrieb erfunden hatten, weckte auch bei anderen Winzern großes Interesse. Die Brüder gründeten daraufhin das Unternehmen Binger Seilzug, das heute mit zahlreichen Modulen und Anbaugeräten fester Bestandteil der Mechanisierung im Weinbau ist. Müssen noch Mauern und Kleinterrassen überwunden werden, wie im Ahrtal partiell der Fall, bietet sich eine Einschienenzahnradbahn an, Monorakbahn genannt. Ihre Fahrzeuge laufen auf einem Vierkantrohr, an dessen Unterseite ein Zahnradprofil aufgeschweißt ist und die Verbindung zu den Antriebsrädern herstellt. Mit einer Nutzlast von 250 Kilo transportiert sie alles Nötige wie Pfähle, Pflanzgut, Dünger und im Herbst natürlich die Trauben von und zu den entlegensten Orten. Mit ein wenig Mut kann man, wenn auch nicht gerade bequem, Platz nehmen, denn auch der Personentransport ist erlaubt.

Monorakbahn in der Lage Walporzheimer Alte Lay

Umstellung auf geeignete Rebsorten

Blauer Portugieser

Etwa um 1900 bis Anfang der 1970er Jahre ging der Anteil der Rotweinreben an der Ahr kontinuierlich zurück. Der Spätburgunder hatte nur noch einen Anteil von 25 Prozent. Der Anteil des Rieslings war mit 24 Prozent fast gleich groß. Die weniger edle Portugieserrebe war mit 31 Prozent Leitrebsorte. Besonders in Zeiten des Massentourismus nach dem Zweiten Weltkrieg wurden vermehrt Weißweine angebaut. Noch bei den Neuanlagen der Rebflächen im Flurbereinigungsverfahren im Ehlinger Kapellenberg wurde der Portugieser dem Spätburgunder vorgezogen. Für ein ausgewiesenes Rotweinanbaugebiet, das für seine Spätburgunder berühmt war, war das eine gefährliche Entwicklung. Aber sie hatte einen Grund: es mangelte an einem geeigneten Burgunderklon.

Der vorhandene Spätburgunderklon an der Ahr, der Kastenholzklon, benannt nach seinem Mutterstock in Kastenholz, heute ein Stadtteil von Euskirchen, hatte seine besten Zeiten hinter sich. Der Klon war von Viren befallen und degeneriert. Ein Rebstock schaffte im Jahr gerade einmal eine Erntemenge von einem halben bis einem Kilo. Dazu kam das hohe Alter. So mancher Stock war älter als der Winzer, weil man eine Neuanpflanzung so lange wie möglich hinauszögerte. War es dann doch unumgänglich, musste sich zunächst der Boden 4 Jahre lang erholen. Danach wurde die Parzelle rigolt, d. h. der Boden wurde mit Hacke und Schaufel knietief umgegraben. Dann mussten die Pfähle eingeschlagen und die Pflanzlöcher gegraben werden. Nach dem Pflanzen war das Ganze dann auch noch Stock für Stock zu bewässern. Das macht wirklich niemand gern. Die Portugieserrebe dagegen lieferte konstant 4 bis 6 Kilo Trauben pro Rebe. Daraus konnte man zwar keine Spitzenweine machen, aber der Brot- und Butter-Wein war gesichert. Kein Wunder also, dass die Winzer ihr gegenüber dem Spätburgunder den Vorzug gaben.

Aber zurück zum Spätburgunder. Der Druck, einen geeigneten Spätburgunder-Klon zu finden, wurde immer größer. Die Suche wurde über andere deutsche Weinanbaugebiete bis in die Schweiz erweitert. Im badischen Oberrotweil wurde man dann beim Winzer Stuber mit seiner Stuberrebe fündig. Durch einen Zufall stieß man allerdings auf einen noch besseren Klon. Der Weingutsbesitzer Otto Schäfer war dabei und berichtete 2014 : „Wir waren Anfang 1970 eine Handvoll Winzer beim Betriebsführerlehrgang an der Forschungsanstalt in Geisenheim. Unter anderen war der Vorsitzende der Wiederaufbaugemeinschaft, Norbert Görres, dabei. Auch Kollegen aus Baden gehörten zu

Rigolen eines Weinberges, um 1940

Medien geschafft, 1998
Sammlung Karl-Heinz Binder

den Teilnehmern. Mehrmals verkosteten wir die mitgebrachten Weine. Unsere Weine, gewonnen aus der Kastenholzrebe, waren geschätzt und anerkannt. Norbert Görres, unser Sprecher, beklagte aber die Virusbehaftung der Rebe und die hieraus resultierenden geringen Erträge. Wieder waren es die Winzer aus Baden, die den entscheidenden Hinweis gaben. Sie machten uns auf eine erfolgreiche Selektion sowohl hinsichtlich der Menge als auch der Qualität von Professor Ritter, Institutsleiter in Geisenheim, aufmerksam. Kurzerhand wurde Professor Ritter zur nächsten Veranstaltung gebeten. Er stellte seinen Klon vor, der bei den Ahrwinzern Begeisterung auslöste".

1973 wurde er auf 1,5 Hektar in der Flurbereinigung Dernau I zum ersten Mal angepflanzt und auch in den Folgejahren den anderen Klonen, wie Stuber, Munziger und Freiburger, vorgezogen. Der Ahrweinbau war gerettet. Die unermüdlichen Bemühungen von der Bodenverbesserung über die Sortenauswahl bis hin zu neuen weinwirtschaftlichen Verfahren wurden Mitte der 1990er Jahre auch in den Medien gebührend gewürdigt.

landereyen theils wegen abgang der
menschen in ihrem standt zurückblieben,
je dannoch seyndt auch inmittels gute
weinjahre abgefallen."
(Bodendorfer Gemeindebuch 1667/70)
1799 "ist der weingart, berg und thal mit
der winter kält und keinen Wein gewachsen".
(Mayschosser Chronik)
Gleichzeitig mit der Reduzierung des Wein-
konsums entwickelte sich eine verfeinerte,
bürgerliche Weinkultur, welche sich in der
Weinromantik des 19. Jhs. mit ihren dekora-
tiven und kennerschaftlichen Elementen
niedergeschlagen hat.

AhrWeinForum, Ahrweiler

Entwicklung von Rebsorten und Weinqualität in Europa

Teil II: Von 1850 bis 2020

Ab etwa 1850 gab es aufgrund des kalten Wetters reihenweise schlechte Jahrgänge mit miserablen Weinqualitäten. Aus Nordamerika wurden die Reblaus sowie Oidium und Peronospora, echter und falscher Mehltau, eingeschleppt. Während die Lithographen, Lehrer und Dichter der Rheinromantik frönten, waren die Winzer an Ahr und Mosel bettelarm. Dann erfand der Moselaner Ludwig Gall die sogenannte Nassverbesserung. Die Zugabe von bis zu 25 Prozent Zuckerwasser wurde erlaubt. Das senkte die Säure, und – wie erfreulich – hob die Menge. Das Ergebnis waren leichte, süffige Mosel- und Rheinrieslinge. Gall, dessen Methode bis in die 1980er Jahre genutzt wurde, galt als Retter des Weinbaues an Mosel und Rhein, aber das Verfahren ruinierte den Ruf des Rieslings. Wein war also genug da, das Problem war der Absatz. Georg Werth, ein Trierer Journalist, verfasste ein revolutionäres Lied:

Einzelpfahlerziehung einer Portugieserrebe

An Ahr und Mosel glänzten
die Trauben gelb und roth;
die dummen Bauern meinten,
sie wären aus jeder Noth.

Da kamen die Handelsleute
herüber aus aller Welt:
„Wir nehmen ein Drittel der Ernte
für unser geliehenes Geld!“

Da kamen die Herren Beamten
aus Koblenz und aus Köln:
„Das zweite Drittel gehöret
dem Staate an Steuern und Zöll'n!“

Und als die Bauern flehten
zu Gott in höchster Pein,
da schickt er ein Hageln und Wettern
und brüllte: „Der Rest ist mein!“

Viel Leid geschieht jetztunder,
viel Leid und Hohn und Spott,
und wen der Teufel nicht peinigt,
den peinigt der liebe Gott!“

Weinfrühling in Mayschoß

Weinpioniere wie Hermann Müller aus Thurgau/Schweiz, August Herold und Georg Scheu veröffentlichten neue Erkenntnisse in der Weinbergsbearbeitung und züchteten neue Rebsorten. Klimatische Defizite wurden durch schnellere Reife und höhere Zuckergehalte ausgeglichen. Pflanzenschutz und Nährstoffversorgung ließen die durchschnittliche Erntemenge in einem verhältnismäßig kurzen Zeitraum von 70 bis 80 Jahren von 20 bis 25 Hektoliter auf 80 bis 100 Hektoliter je Hektar ansteigen. Die Grundstückzersplitterung wurde durch die Flurbereinigung beendet. Wo immer möglich erfolgte eine Umstellung der Einzelpfahlerziehung auf Drahtrahmen. Die Stockabstände wurden verbreitert, was das Befahren der Rebenzeilen durch Maschinen möglich machte und Böden wurden begrünt. Bisher unbekannte Arbeitsvorgänge wie Ertrags- und Qualitätssteuerung schon beim Anschnitt, Auslichtung der Traubenzone, Traubenhalbierung nach der Blüte und Grünernte sind heute normal. Diese Maßnahmen führten zusammen mit der Klimaerwärmung von 1950 bis 2020 zu einem Anstieg der Mostgewichte, z. B. beim Spätburgunder im Durchschnitt um 20 Grad Oechsle.

Die „Grünen Berufe“ heute

Heute ist für viele junge Männer und Frauen, letzteres eine weitere erfreuliche Entwicklung, der Beruf des Winzers wieder attraktiv. Hervorragend ausgebildet und mit Leidenschaft arbeiten sie daran, das hohe Niveau der Weinwirtschaft an der Ahr nicht nur zu halten, sondern weiter auszubauen. Die Betriebsnachfolge in den Weingüter und der hervorragende Leistungsstand unserer Winzergenossenschaften ist damit gesichert. Der Trend hält an, jetzt bereits in der 3. Generation.

Bachelor-Studentin in Weinbau und Önologie

Vom Weinstock bis zum Kunden ist es ein langer Weg. Der Winzer muss sich in der Natur, im Weinkeller, im Labor und im Marketing auskennen. Leidenschaft für das Kulturgut Wein, ein guter Geschmacks- und Geruchssinn, technisches Interesse, körperliche Fitness, Kreativität, Entscheidungskraft, Weitsicht, Verantwortungsbereitschaft und gute Umgangsformen sind für diesen Beruf

Gesellenprüfung 2015

Jungwinzer in Mayschoß

unabdingbar. Die Ausbildung ist in die Themen Weinberg, Keller, Verkauf und Marketing gegliedert und breit gefächert.

Die Arbeit im Weinberg umfasst die Reb- und Bodenpflege und den Pflanzenschutz. Bei der Rebpflege geht es um Anpflanzung, Rebschnitt, Erziehung, Nährstoffversorgung und Blattmanagement, bei der Bodenpflege um die Herrichtung, Bodenart, Bodenbestandteile, Wasserhaushalt und Begrünung und beim Pflanzenschutz um die Pilz- und Schädlingsbekämpfung. Für die Kellerwirtschaft stehen Verfahren in der Kellertechnik wie Most- und Maischebehandlung, Gärung, Schwefeln, Filtern und Abfüllung auf dem Lehrplan. In Verkauf und Marketing spielen die Ausstattung und Verpackung der Flaschen, Nachhaltigkeit und Transportanforderungen eine ebenso große Rolle wie die Organisation und Kontrolle von Produktions- und Arbeitsabläufen.

Über den Gesellen, Meister, Techniker und Bachelor führt der Weg bis hin zum Master. So bietet die Hochschule Geisenheim acht berufsqualifizierte, praxisorientierte Bachelor-Studiengänge und neun forschungsbasierte Master-Studiengänge an. Der wissenschaftliche Nachwuchs promoviert in Kooperation mit renommierten Hochschulen im In- und Ausland.

Aromavergleich mit Burgundia Irena Schmitz (Mitte)

In den vielen Weinanbaugebieten schließen sich junge Winzerinnen und Winzer unter 35 Jahren in eigenen Organisationen zusammen. Hinter Württemberg mit sechs folgt die Ahr mit fünf Vereinigungen auf Platz zwei. Sie heißen SchlAHRVino, Mission Steillage, Korkenfrei, Ohse Jonge und Next Generation und umfassen fast alle Weingüter und Winzergenossenschaften. Auf Partys vor Ort, auf Rheinschiffen und in den sozialen Medien sprechen sie vor allem junge Leute mit ihren eigenen Weinen an. Sie informieren dabei über die besonderen Anforderungen und Qualitäten aus dem Steillagenweinbau und demonstrieren, dass es sich mit dem Ergebnis ihrer Arbeit gut feiern lässt. Aber sie ergänzen sich nicht nur im eigenen Berufsbild, sondern nutzen auch Synergieeffekte aus anderen Berufen, wie der Informationstechnik oder dem Handwerk.

Herbststimmung Lage Marienthaler Rosenberg

Im Weinberg

Die wichtigsten Rebsorten an der Ahr

Von den rund 100 Rebsorten in Deutschland werden an der Ahr 25 kultiviert. Die Anbaufläche von acht Rebsorten beträgt je über 10 Hektar. Sie liefern über 90 Prozent unserer Weine. 17 Rebsorten werden auf Flächen von oft nur ein paar hundert Quadratmetern angebaut. Diese Weine werden zur Abrundung anderer Rebsortenweine genutzt oder als Cuvée verkauft.

Rebfläche 562 ha

Rote Rebsorten 462 ha = 82 %

- Spätburgunder 367
- Früburgunder 34
- Regent 17
- Portugieser 16
- Domina 9
- Dornfelder 9
- Andere 10

Weiße Rebsorten 100 ha = 18 %

- Riesling 46
- Weißburgunder 20
- Müller-Thurgau 14
- Grauburgunder 10
- Chardonnay 3
- Solaris 3
- Andere 4

Vorgaben: Paul Gieler

Spätburgunder

Große Gewächse bei der Spätburgunderlese

Der blaue Spätbugunder, in Frankreich Pinot Noir, wird auch als „König der Rotweine“ bezeichnet. Nach Alter, Verbreitung und Ruhm steht ihm diese Auszeichnung zu. Die Rebsorte bevorzugt ein gemäßigtes Klima und ist vergleichbar mit Cabernet-Sauvignon in den heißen Weinanbaugebieten. Die Spätburgunder von der Ahr gelten nicht nur in Deutschland mit als die Besten, sie genießen auch international einen hervorragenden Ruf. Im Glase funkeln sie rubinrot, bei längerer Lagerung nehmen sie gern einen warmen Braunton an. Ihr Bouquet erinnert an Brombeeren, Erdbeeren, Pflaumen und Kirschen bis hin zu schwarzen Johannisbeeren, bei alten Weine auch an Nüsse und Mandeln. Den Geschmack bestimmen eine fruchtige Säure und der Reifegrad der Trauben. Wird er bis zu 18 Monaten in Barriquefässern trocken ausgebaut, kommen noch Vanille-Zimt-Töne und Röstaromen hinzu. Die meisten Winzer an der Ahr konzentrieren durch die Maischestandzeiten, auch Kaltmazeration, Frucht und Tannine zum Optimum. Die Weine reifen nur langsam, zuerst im Fass und weiter in der Flasche und sind daher lange haltbar. Ihren Höhepunkt erreichen sie 5 bis 10 Jahre nach der Ernte. Serviert bei 15 bis 18 Grad Celsius sind sie ideale Begleiter zu kräftigem Braten, Wild, Lamm und Käse.

Weltweit wird der Spätburgunder auf rund 100.000 Hektar angebaut und steht damit im Ranking auf Platz 10. Mit 11.800 Hektar Rebfläche belegt er im deutschen Rotweinanbau den ersten Platz. Angebaut wird er in allen 13 deutschen Weinanbaugebieten, ist aber in keinem so verbreitet wie an der Ahr. Mit 367 von insgesamt 562 Hektar, das sind 65 Prozent unserer Gesamtrebfläche, ist er hier der unangefochtene Spitzenreiter. Mit weitem Abstand folgt Baden mit 36 Prozent. Die Ahr bietet dem Spätburgunder das bestmögliche Terroir. Unsere südlich ausgerichteten Steil- und Terrassenlagen aus Schieferverwitterungsböden und Grauwacke mit Hangneigungen bis zu 70 Prozent garantieren beste Sonneneinstrahlung. Handgelesen und streng selektioniert widmen sich die Winzer hier jeder einzelnen Traube. So erreichen die Ahrspätburgunder die Qualität „Große Gewächse".

Frühburgunder

In der Diskussion über Erhalt und Nutzung autochthoner, das heißt vor Ort gewachsener Reben, spielt der Frühburgunder eine wichtige Rolle. Das gilt besonders für die Ahr. In ganz Deutschland hat der Frühburgunder nur noch einen Anteil von 241 Hektar Rebanbaufläche, davon allein 34 Hektar an der Ahr. Seine spielerische Leichtigkeit, gepaart mit sehr viel fruchtiger Eleganz, wie Kirsche, Pflaume und Cassis, geben ihm seinen unverwechselbaren Charakter.

Frühburgunder-forum, 2019

Aber erst das Zusammenspiel mit dem Terroir der Ahr macht ihn einzigartig. Im Rahmen der Ahrweinprämierungen hat die Rebsorte einen eigenen Status. Die alle zwei Jahre stattfindenden Frühburgunderforen erfreuen sich großer Beliebtheit. In der „Slow Food-Arche" des Geschmacks, einer weltweiten Vereinigung von bewussten Genießern, hat der Frühburgunder seinen angestammten Platz. Gründe genug, die Entstehung und Entwicklung der Rebsorte an der Ahr näher zu betrachten.

Der Frühburgunder ist als spontane Mutation des Spätburgunders nachgewiesen. Das heißt, beide Rebsorten unterscheiden sich genetisch. Anlässe sind sowohl nicht erklärbare Launen der Natur wie auch nachvollziehbare äußere Einwirkungen. Sicher ist, dass der Frühburgunder ein Kind der Kälte ist. Die Kleine Eiszeit führte dazu, dass der Spätburgunder an der Ahr nicht mehr ausreifen konnte. Die Ratsprotokolle der Stadt Ahrweiler sind voll von Berichten über „Misswuchs", in denen kaltes Wetter die Ernte vernichtete. Dann, oh Wunder, stellte man vor allem im Weinort Bachem fest, dass einzelne Stöcke im Weinberg früher reiften. Die Mutation des Spätburgunders zum Frühburgunder hatte eingesetzt. Logisch, dass die Winzer von diesen Stöcken Stecklinge zur Weitervermehrung schnitten. Es bestehen also keine Zweifel, dass der Frühburgunder eine an Ort und Stelle entstandene Rebsorte der Ahr ist. Meine Forschungsergebnisse hierzu wurden im Deutschen Weinbaujahrbuch 2011 durch die Forschungsanstalt Geisenheim veröffentlicht und daraufhin vom Bundesforschungsinstitut für Kulturpflanzen, dem Julius-Kühn-Institut, in die internationale Literaturdatenbank auf dem Gebiet des Weinbaues ITIS-VEA aufgenommen, WS 11 1181.

Nach anfänglicher Begeisterung ließen die Erträge des Frühburgunders in der ersten Hälfte des 20. Jahrhunderts deutlich nach. Die Reben waren zunehmend virenbehaftet und ertragsschwach. Hinzu traten Störungen während der Blüte auf. Mitte der 1970er Jahre war er an der Ahr nahezu ausgestorben. Die Winzer Norbert Görres und Otto Schäfer waren aber vom weinbaulichen Wert des Frühburgunders so überzeugt, dass sie beschlossen die Rebsorte zu retten. Versuche mit sieben Varianten neueren Rebmaterials auf 2.800 Quadratmetern im Rahmen des Flurbereinigungsverfahrens in Bachem brachten den Erfolg. „Wir haben über einige Jahre gewogen und gemessen und die Ergebnisse entsprachen voll unseren Erwartungen", berichtete mir Otto Schäfer im Jahr 2011. Der Frühburgunder war und ist – wie die Frau Mama – eine zickige Diva. Die Ansprüche an den Boden sind hoch. Die Rebe reagiert unwillig auf kleinste

Pioniere des neuen Frühburgunders Norbert Görres (l) Otto Schäfer (r)

Auf und Ab des Frühburgunders

	1928	1964	1972	1999	2012	2015	2020
Deutschland	?	?	15	84	262	257	241
Ahr	18	4	1	22	37	37	34

Wetterunbilden. Die Erträge sind niedriger als beim Spätburgunder. Zur vollständigen Ausreifung braucht es schattige Standorte. Durch die frühe Reife wird er von Vögeln und Wespen bedroht, der nur mit einer Netzbespannung der Weinberge entgegengewirkt werden kann. Aber die hohe Weinqualität ist alle Mühen wert.

Weißburgunder und Grauburgunder

Die Rebflächen der Ahr sind zu 70 Prozent mit Früh- und Spätburgunder und zu fünf Prozent mit Grau- und Weißburgunder bestockt, macht zusammen 75 Prozent. Dieser Anteil übertrifft sogar den in Burgund, weshalb sich die Ahr mit Fug und recht Land des Burgunders nennen darf. Dabei stehen die beiden hellen Burgunder erst am Beginn ihrer Karriere, ihr Anteil wird sich in Zukunft mit Sicherheit erhöhen. Beide Rebsorten sind eine Mutation des Spätburgunders, die durch einen genetischen Defekt nicht nur ihre Farbe verloren, sondern auch ein eigenes Bouquet und einen eigenen Geschmack entwickelt haben.

Der Graue Burgunder, französisch Pinot Gris, nennt sich in Deutschland auch Ruländer, nach dem Speyerer Seeger Ruland, der die Rebe 1711 als erster in einem verwilderten Garten entdeckte. Die Trauben färben sich je nach Reife grau- bis blaurot. Seine Weine variieren von leicht und spritzig bis ölig schwer. In der Variante edelsüß macht er auch als Aperitifwein eine gute Figur.

Der Weiße Burgunder, französisch Pinot Blanc, kam bereits im Mittelalter aus dem Burgund nach Deutschland. An der Ahr hielt er aber erst im letzten Jahrhundert Einzug. Wegen seiner großen Ähnlichkeit zum Chardonnay lässt sich seine Herkunft nur schwer nachvollziehen. Die Rebsorte ist genügsam und wird daher in fast allen Anbaugebieten in Deutschland angebaut. Ihre Weinpalette reicht von pikanten, an Apfel erinnernden Qualitätsweinen bis zu wuchtig reifen, fruchtigen, edelsüßen Auslesen.

Mutationen sind übrigens kein Relikt der Vergangenheit. 2010 wurde bei der Lese im Dernauer Pfarrwingert eine Traube gefunden, die die Rebsorten Spätburgunder, Grauburgunder und Weißburgunder vereint.

Grauer Burgunder bzw. Ruländer

Mutationen gefunden von Johannes Mattern 2010

Blauer Portugieser

Die Frage nach der Wiege des Blauen Portugiesers wird verschieden beantwortet. Es gibt Wissenschaftler, die ihn, wegen seines Namens, in Portugal beheimaten. Andere sehen seinen Ursprung eher in der Untersteiermark in Österreich, weil er genetisch auf eine spontane Kreuzung der Schwarzen Zimmerttraube mit dem Grünem Silvaner zurück geführt werden kann. Diese Annahme wird auch dadurch gestützt, dass in Österreich Mutationen zum Roten, Grauen und Grünen Portugieser gefunden wurden. Die Rebsorte hat im Ahrweinbau eine wechselhafte Geschichte. Sie treibt mittelfrüh aus und reift etwa eine Woche früher als der Spätburgunder. Die frühere Reife war der Grund, weshalb der Direktor des Landwirtschaftlichen Vereins von Rheinpreußen in Ahrweiler, Franz-Joseph Hubert Bresgen, 1869 empfahl, die Rebe anzubauen. Portugieser ist ertragreich, sehr konstant und stabil. Er verbreitete sich rasch und war noch in den 1960er Jahren an der Ahr die dominierende Rotweinrebe. In Dernau standen 1955 rund 60 Hektar Portugieser, aber nur 12 Hektar Spät- und Frühburgunder.

Weingeist einer Portugieserrebe

Rebsorte/Jahr	1928/Hektar	1964/Hektar	2019/Hektar
Spätburgunder	382	103	367
Portugieser	99	147	16
Frühburgunder	18	2	34

Die Entwicklungen der drei Rebsorten an der gesamten Ahr im Überblick

Portugieserweine sind frisch, leichter und etwas alkoholärmer als Spätburgunder. Als zartblumiger Weißherbst ist er auch ein idealer Sommerwein. Heute sind an der Ahr nur noch 16 Hektar im Bestand. Viele Anpflanzungen gehen auf die 1980er Jahre zurück und liefern, ertragsreduziert durch das Alter und einem mäßigen Anschnitt, sehr gute Qualitäten. Einige Winzer sehen wieder einen gegenläufigen Trend, denn alles was rar ist, ist begehrt. Die Rebstämme bilden im Laufe der Jahre geisterhafte Formen aus. Geist hat er also auch noch.

Regent

Während die Rebenzüchtung noch Mitte des letzten Jahrhunderts auf höhere Zuckerwerte setzte, ist sie seit den 1960er Jahren auf Rebsorten mit hoher Pilzwiderstandsfähigkeit, Piwis, ausgerichtet. Ausschlaggebend waren nicht nur der Öko Trend, sondern auch arbeitswirtschaftliche und rechtliche Gründe wie Pflanzenschutz im Steilhang und in der Nähe von Siedlungsgebieten. Auch die ständig steigenden Kosten der Fungizide machen pilzwiderstandsfähige Rebsorten attraktiv. Eine dieser Neuzüchtungen aus dem Jahr 1967 ist der Regent, immerhin mit 17 Hektar an der Ahr vertreten. Der Aufwand zur Pilzbekämpfung ist im Vergleich zu anderen Rebsorten um 80 Prozent niedriger. Der Regent ist an der Ahr umstritten, da seine Weine eher südländisch schmecken, und damit ganz anders als die ahrtypischen Spät- und Frühburgunder. Manche Winzer sind begeistert, andere lehnen ihn aus dem o.g. Grund ab. Fakt ist, dass seine Anbaufläche zur Zeit rückläufig ist.

Piwis an der Ahr

Regent und drei weitere Rebsorten an der Ahr mit dem Jahr der Kreuzung und der Zulassung durch das Bundessortenamt.

	Johanniter	Pinotin	Solaris	Regent
Kreuzung/Jahr	1968	1991	1975	1967
Zulassung seit	2001	2002	2001	1995

Riesling

Der Riesling, Deutschlands Renommierweinsorte und international wieder hoch geschätzt, ist die am häufigsten angebaute Rebsorte und in allen deutschen Anbaugebieten vertreten. Wie beim Spätburgunder wachsen die besten Rieslinge in Steillagen in den klimatisch kühleren Gebieten. An der Ahr ist er mit 46 Hektar Anbaufläche vertreten. Neben Weißem Riesling wird in Deutschland zunehmend Roter Riesling angebaut. Die Traube ist rötlich, liefert aber einen weißen Wein. Die Rebsorte hat vom unkomplizierten Alltagswein bis zu Spitzen wie Trockenbeerenauslese und Eiswein alles im Angebot, was Zunge und Herz des Weintrinkers erfreut. Der Riesling von der Ahr, gewachsen auf verwitterten Schieferböden, präsentiert sich schlank, lebendig, rassig und elegant, mit viel Mineralität. Kennzeichnend ist die fruchtige Säure. Aromen wie Aprikose und exotische Früchte bestimmen seinen Charakter. Die Farbe kann von fast farblos über grüne Reflexe bis Goldgelb reichen. Nicht verwandt mit dem Weißen Riesling ist der in Württemberg begehrte Schwarzriesling, einer Mutation des Spätburgunders.

Blanc de Noir – Könner oder Zauberer?

Oder wie Ahrwinzer aus blauen Trauben weißen Wein machen

Seit 1988 hat sich in Deutschland eine neue „Weinart" etabliert, deren Ursprung auf die Ahr zurückzuführen ist. Blanc de Noir, ein weißer Wein aus blauen Trauben. Sein Start war mehr als holperig, aber inzwischen hat sich der Blanc de Noir als feste Größe der Palette der Ahrweine angepasst. Zusammen mit unseren Weiß- und Roséweinen hat er das Angebot heller Weine an der Ahr auf ca. 50 Prozent des Gesamtangebots gesteigert.

Um es noch einmal ganz deutlich zu sagen: Blanc de Noir ist keine Rebsorte sondern die Erweiterung einer Weinart. Aus Weißweintrauben kann man nur weißen Wein machen. Aber Spät- und Frühburgunder-, Portugieser- und Regenttrauben können mehr. Aus ihren Trauben kann man roten, roséfarbenen und weißen Wein machen. Wenn man es kann. Die Kunst, aus blauen Trauben weißen Wein – also Blanc de Noir – zu machen, hat in Frankreich eine lange Tradition und ist daher dort auch weinrechtlich geregelt. Im Gegensatz dazu kennt das deutsche Weinrecht nur drei Weinarten: Weißwein, Rotwein und Roséwein. Blanc de Noir hat keinen eigenen Status, sondern wird als Roséwein lediglich geduldet, von dem er sich allerdings durch ein weißweinfarbenes Aussehen unterscheiden muss. Die Zulassung als Qualitätswein erhielt er erst 2003. Bis dahin musste er sich als Tafelwein mit der niedrigsten deutschen Güteklasse zufriedengeben.

Übrigens: Wie Sie sicherlich wissen, ist Champagner immer ein Cuvée aus roten und weißen Trauben. In Deutschland kelterte die Weinhandlung Tesche & Deinhard 1834 in Koblenz aus Bodendorfer Spätburgundertrauben einen echten weißen Sekt.

Helle Weine aus Rotweinreben von der Ahr waren vom 15. Jahrhundert bis Anfang des 19. Jahrhunderts als „Ahrbleichart" sehr geschätzt. Dass die Ahrrotweine hell, also bleich, waren, lag daran, dass die Maischegärung unbekannt war. Erst mit der Annexion der linksrheinischen Gebiete durch die Franzosen Anfang des 19. Jahrhunderts kam die hohe Kunst der Maischegärung an die Ahr. Seitdem sind Ahrrotweine rubinrot. Gottfried Kinkel schrieb 1846 über den Ahrbleichart: „Weil man früher den Wein vor der Gärung kelterte, also bevor der Farbstoff der Hülsen sich mit dem Safte verbunden hatte, behielt er

eine hellrötlich-bleiche Farbe." Der Koblenzer Pastor und Kunstmäzen Joseph Gregor Lang nannte 1790 bei seiner ersten Rheinreise von Andernach nach Düsseldorf den Ahrbleichart „eine Köstlichkeit, die an dem Strömchen wächst".

Jungwein Blanc de Noir

Es gibt in Deutschland mehr als 60 weiße Rebsorten, da stellt sich schon die Frage: Warum macht man aus Rotweintrauben weißen Wein? Ganz einfach. Weil an der Ahr mehr Weißwein nachgefragt ist, als hier angebaut wird. Der Blanc de Noir füllt diese Lücke. In den anderen Weinanbaugebieten spielt er fast keine bis gar keine Rolle. Im Gegenteil, er stört die dortige Weißweinproduktion. Die Ahrwinzer haben erkannt, dass sich hier eine Marktlücke auftut, die einem Alleinstellungsmerkmal nahekommt. Dass der Blanc de Noir nach anfänglichen Schwierigkeiten ein durchschlagender Erfolg ist, belegt die Tatsache, dass die Weine eines Jahrgangs schon im nächsten Herbst ausgetrunken sind. Das liegt wohl auch daran, dass rote Rebsorten weniger Säure haben als weiße. Für säureempfindliche Weinliebhaber ist der Blanc de Noir eine attraktive Alternative. Die Weine sind, von strohgelb bis lachsfarben, optisch sehr ansprechend und verfügen über eine komplexe Struktur von schwarzer Johannisbeere, Birne und Mandeln. Sie eignen sich als Begleiter zu grünen Salaten und Fisch genau so gut wie zu Fleischgerichten und sind echte Alternativen zu Chardonnay und Sauvignon Blanc. Für einen versierten Kellermeister ist die Herstellung von Blanc de Noir keine Hexerei. Das Verfahren ist einfach. In der Beerenschale befindet sich der rote Farbstoff. Fruchtfleisch und Saft der Beere sind weiß. Der Kellermeister muss nur das Weiße vom Roten trennen. Der weitere Weinausbau ist gleicht dem eines Weißweines.

Der erste Blanc de Noir an der Ahr wurde 1988 vom Dernauer Weingut Meyer-Näkel ausgebaut. Werner Näkel, der heutige Senior-Chef erlebte dabei folgende loriosche Posse mit den Tücken des deutschen Weinrechts:
„1985 baute ich einen Wein aus, der eigentlich als Sektgrundwein geplant war. Nach mehreren Verkostungen mit begeisterten Freunden und Kunden

entschloss ich mich dann aber, diesen Sektgrundwein als Blanc de Noir-Wein auszubauen. Es war nur eine kleine Menge von rund 200 Litern. Der nächste Schritt war die Suche nach einem Namen für dieses neue Produkt. Wir entschieden uns für „Meyer-Näkel Nr.1 Weiß von Rot". So wurde der Wein auch auf dem ersten offiziellen Etikett aus dem Jahr 1988 ausgewiesen. Weiß von Rot, da es sich um einen weiß gekeltertem Rotwein handelte; Nr. 1, weil ich wohl der erste Winzer Deutschlands war, der Blanc de Noir ausgebaut hat.

Für die Weinkontrolle war diese Weinart allerdings nicht akzeptabel. Es sei kein Weißwein, da er aus blauen Trauben hergestellt sei. Es sei aber auch kein Rotwein, da er von der Farbe eher „hell-lachsfarben" sei. Mein „Weiß von Rot" wurde als Qualitätswein nicht zugelassen und bekam daher auch keine Prüfnummer. Nach einigem Hin und Her wurde er als Landwein, ein besserer Tafelwein, eingestuft.

Etikett Blanc de Noir Weingut Meyer-Näkel

Ich dachte die Kuh ist vom Eis. Aber nein. Nach kurzer Zeit meldete sich die Weinkontrolle wieder bei mir und erklärte, dass der Name „Weiß von Rot" nicht verwendet werden dürfe, da es sich hierbei um einen unerlaubten Hinweis auf die „Machart" des Weines handelt. Ein neuer Name musste her. Wir entschieden uns den „Ahrbleichart" wieder aufleben zu lassen. Im Jahr darauf meldete sich die Weinkontrolle dann schon wieder. Auch dieser Name ginge nicht, da er bei der Novellierung des Weingesetzes komplett gestrichen worden war.

Also auf ein Neues, Blanc de Noir 3.0 sozusagen. Ich habe dann überlegt: Einen Wein, den es nach Deutschem Weingesetz nicht geben und der keinen Namen haben darf, ist eine Illusion. Also nannte ich meinen Blanc de Noir „Illusion". Seitdem heißt der Blanc de Noir im Weingut Meyer-Näkel „Illusion", und ist nach wie vor der bekannteste seiner Art im Ahrtal.

O-Ton Werner Näkel: „Und wenn der Trend dann später mal wieder zum Rotwein geht... dann bauen wir den Spätburgunder halt wieder klassisch aus..."
Quelle: Hochschule Geisenhein, Geisenheim University
Bachelor-Thesis von Nils Josten, Dernau 2020

Bewirtschaftung der Weinberge heute

Heute haben die auf Spitzenniveau ausgebildeten Ahrwinzer den tradierten Weinbau ihrer Vorfahren weit hinter sich gelassen. Ein moderner Winzer betreibt integrierten, naturnahen Weinbau. Das heißt, die in Jahrhunderten erworbenen Kenntnisse und Erfahrungen werden von einer Vielzahl von Gesetzen und Verordnungen ergänzt, die jeder Winzer nicht nur kennen, sondern im Weinberg und im Keller umsetzen muß. Da sich die Gesetze, Verordnungen und Vorschriften ständig weiterentwickeln, muss der Winzer seine Kenntnisse regelmäßig in Lehrgängen erweitern und in Prüfungen nachweisen (siehe Beispiele im linken Feld des Bildes).

Das Bundesnaturschutzgesetz, das Pflanzenschutzgesetz und die Düngeverordnung schreiben die Einhaltung des landwirtschaftlichen Fachrechts zwingend vor. Die Anwendung von Pflanzenschutzmitteln verpflichtet zum Beispiel zu einer lückenlosen betrieblichen Dokumentation. Der flächendeckende Einsatz von Pheromonfallen gegen den Traubenwickler ist ein Meilenstein im Umweltschutz. Das gilt auch für die Landschaftspflege, wie die Förderung von

Bewirtschaftungssysteme

Naturnaher Weinbau

Integrierter Weinbau

- Bodenschutzgesetz
- Düngemittel-VO
- Pflanzenschutzgesetz
- Pflanzenschutzmittel-VO
- Pflanzen-Sachkunde-VO
- Gerfahrstoffe-VO
- Bienenschutz-VO

und andere

Biologische Elemente als erweiterte fachliche Praxis des integrierten Weinbaus

- Pflanzenschutzmittel begrenzt
- Biochemische Verfahren
- Düngung begrenzt
- Herbizide begrenzt
- Begrünung und Strohabdeckung
- Landschaftspflegeelemente

Kontrolliert biologischer Weinbau

- Strenge Regeln nach E-VO 2092/91
  Düngemittel
  Pflanzenschutz
  Behandlungsstoffe
  Bio-Pflanzgut
  Zertifizierung und Kontrolle über Verbände geregelt

Vorgaben: Paul Gieler

Nützlingen, die Pflege von Böschungen und die Erhöhung der Biodiversität. Freiwillige Elemente wie biochemische Verfahren oder eine starke Begrenzung der Herbizide sind im modernen Weinbau selbstverständlich (siehe linkes Bild, Bildmitte).

Die steigende Nachfrage nach Bioprodukten haben ein paar Ahrwinzer veranlasst, auf biologischen Weinbau umzusteigen. Das kann innerhalb einer Frist von drei Jahren erfolgen, die hier geltenden Vorschriften sind aber noch strenger als im naturnahen Weinbau. Allerdings sind einige Bearbeitungsmethoden umstritten. So werden beim Pflanzenschutz anorganische Fungizide angewendet. Vor allem Kupferpräparate als Bekämpfungsmittel gegen Peronospora, die zu einer Schwermetallanreicherung im Boden führen, haben eine negative nachhaltige Bilanz. Außerdem müssen diese Präparate für eine erfolgreiche Schadensbekämpfung häufiger ausgebracht werden. Die Schwermetallanreicherung, die Verdichtung der Böden und die höhere CO_2-Belastung durch häufiges Befahren der Weinberge sind die Kehrseite der Medaille. Deshalb halten die meisten Ahrwinzer unter Abwägung aller Aspekte wie Ökologie, Ökonomie und Nachhaltigkeit am naturnahen Weinbau fest.

Weinbergspflege

Monat	Boden	Stock	Rebschutz
Januar – Februar	mulchen	Rebschnitt und Gerten Anlagen ausbessern	
März – April	Lockerung/Düngen/Begrünung störenden Wuchs entfernen		Biochemisch (Pheromone)
Mai	mähen/mulchen	Triebe am Stamm und Doppeltriebe entfernen	Fungizide
Juni	mähen/mulchen	Trauben halbieren Freistellung Traubenzone	Fungizide
Juli	Nachdüngung (Blattdünger)	Gipfeln, Laubarbeiten	Fungizide
August	mähen/mulchen	Laubarbeiten Grünernte	Wartezeit
September – Oktober	Begrünung (Wintersaat)	Lese	

Vorgaben: Paul Gieler

Weinlagen der Ahr

Das Weinanbaugebiet Ahr teilt sich in den Bereich Walporzheim, die Großlage Klosterberg und 38 Einzellagen auf.

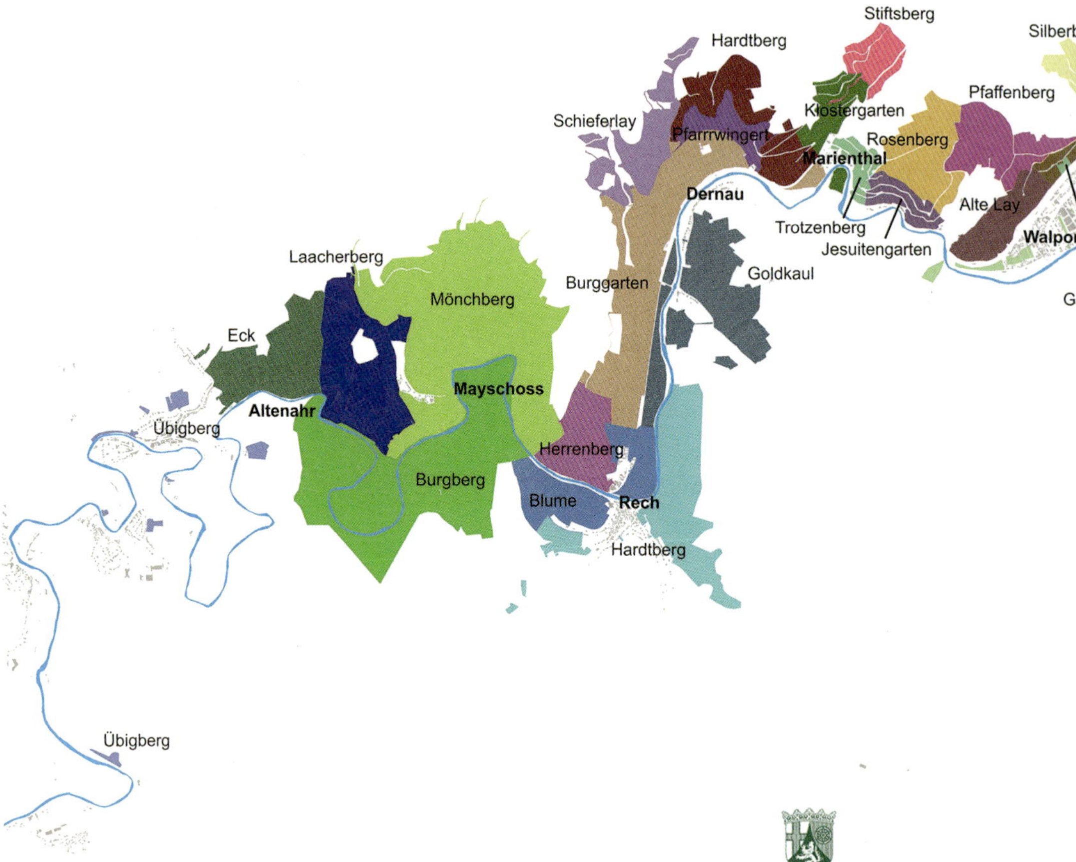

Landwirtschaftskammer
Rheinland-Pfalz

Quelle:
Landwirtschaftskammer Rheinland-Pfalz
(2017) di-de/by-2-o

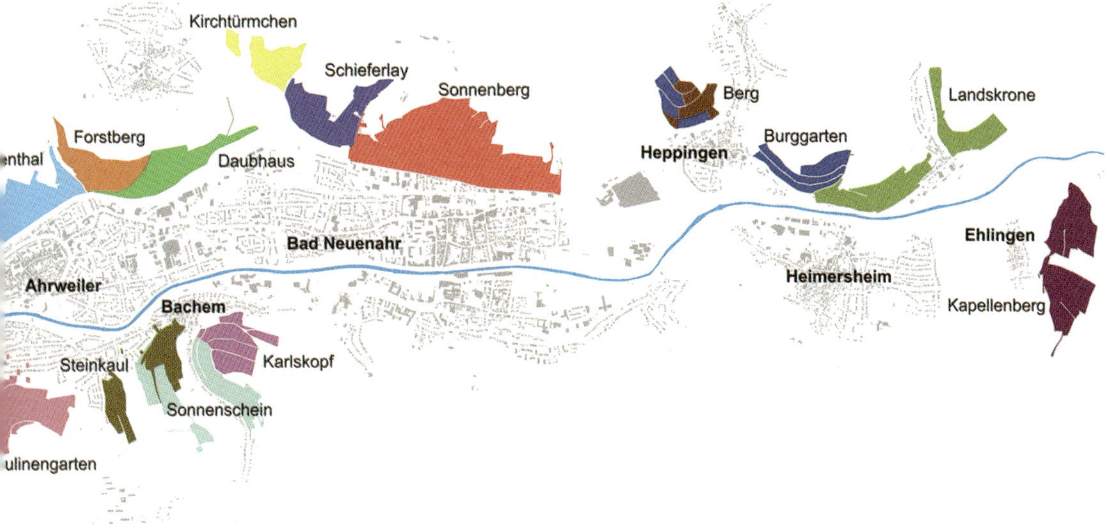

Im Marienthaler Rosenberg

Ort	Lage	ha (gerundet)	NN
Heimersheim	Kapellenberg	18	100-160
	Landskrone	15	90-160
	Burggarten	15	90-170
	Berg	5	120-130
Neuenahr	Sonnenberg	24	100-165
	Schieferley	12	100-170
	Kirchtürmchen	9	110-180
Bachem	Karlskopf	10	120-200
	Sonnenschein	11	120-200
	Steinkaul	10	110-160
Ahrweiler	Daubhaus	14	110-160
	Forstberg	11	130-200
	Ursulinengarten	16	105-200
	Rosenthal	21	110-230
	Silberberg	13	110-240
Walporzheim	Himmelchen	12	100-110
	Kräuterberg	5	110-190
	Pfaffenberg	18	180-260
	Gärkammer	1	110-180
	Alte Lay	14	110-250
Marienthal	Jesuitengarten	7	115-220
	Trotzenberg	5	120- 210
	Rosenberg	14	200-240
	Klostergarten	10	120-240
	Stiftsberg	7	150-240
Dernau	Hardtberg	24	120-240
	Pfarrwingert	9	120-200
	Schieferlay	20	125-200
	Burggarten	28	120-200
	Goldkaul	22	120-230

Neigung	Exposition	Boden
hängig-steil	W	schiefriger Lehm
steil	SO	lehmiger Basalt
hängig-steil	SW-S	schwach steiniger Lehm
hängig	S	schwach steiniger Lehm
hängig-steil	S-SO	sandiger Lehm u. Löß
steil	SSW-SO	Lehm u. steiniger Löß
steil	S-SW	schwach steiniger Lehm
hängig-steil	N	sandiger Lehm
hängig-steil	SW-S	sandiger Lehm u. Grauwacke
hängig-steil	W-N-O	sandiger Lehm u. Grauwacke
hängig-steil	S-SO	mäßig steiniger Löß u. Lehm
steil	S-SW	mäßig steiniger Löß
hängig-steil	W	sandiger Lehm
steil	SO-S-SW	sandiger Lehm
steil	S-SW	sandiger Lehm
flach	N	feinsandiger Lehm u. Kies
steil	SO	lehmiger Schiefer, Grauwacke
hängig-steil	S-SO	steiniger Lehm
steil	SSO	lehmiger Schiefer, Grauwacke
steil	S-SO-O	skelettreicher Lehm
steil	S	sandiger Lehm
steil	S-WSW	sandige Grauwacke u. Lehm
hängig-steil	S-SO	sandiger Lehm
steil	SO	sandiger Lehm u. Löß
hängig-steil	SO-S	sandiger Lehm u. Löß
hängig-steil	SW-SO	lehmiger Sand u. Löß
hängig-steil	SO-SW	lehmiger Schiefer
hängig-steil	SSW-OSO	lehmiger Schiefer
hängig-steil	SO-O	kiesiger Lehm u. Steinboden
flach-steil	W-SW	lehmiger Steinboden u. Kies

Ort	Lage	ha (gerundet)	NN
Rech	Blume	13	130-180
	Hardtberg	4	130-240
	Herrenberg	18	130-280
Mayschoß	Mönchberg	61	140-310
	Laacherberg	15	140-290
	Burgberg	31	140-280
Altenahr	Eck	10	140-300
	Übigberg	1	160-280

Lage Mayschosser Burgberg

Neigung	Exposition	Boden
hängig-steil	SO	lehmiger Steinboden u. Kies
hängig-steil	SW-W-NW	lehmiger Steinboden
hängig-steil	SSW-SO	lehmige Grauwacke u. Schiefer
hängig-steil	S-W	lehmige Grauwacke u. Schiefer
hängig-steil	S-SO-SW	lehmige Schieferverwitterung
hängig-steil	WSW-WNW, O	lehmige Grauwacke u. Löß
hängig-steil	S-SSW	lehmige Grauwacke u. Schiefer
hängig-steil	S-SW	lehmige Grauwacke u. steiniger Löß

Vorgaben: Paul Gieler

Lange hatte die Lage als Teil der Ursprungsbezeichnung eine nachrangige Bedeutung. Das hat sich grundlegend geändert. Heute werden mit der Bezeichnung der Einzellage auf dem Etikett die besten Weine eines Weinanbaugebiets präsentiert. Wesentliches Beurteilungselement ist das Terroir mit dem Grundsatz: „Je kleiner die Einheit, desto höher die Qualität". So steht die Weinlage nicht nur mit Bodenverhältnissen, Hangneigung und Exposition in der Qualitätsbeurteilung. Sie wird durch Anforderungen wie regional typische Rebsorten, Mindestmostgewicht, reduzierte Erträge und Weinbergspflege erweitert.

„Der Fluss des Rebensaftes" Kunstweinberg aus den Rebsorten Dakapo und Riesling von Rainer Hess (Lage Mayschosser Mönchberg)

Bedrohungen der Rebe und Pflanzenschutz

Monokulturen, wie der Weinbau eine ist, sind im Gegensatz zu Wildpflanzen vielfältigen Gefahren ausgesetzt. Wildpflanzen wachsen normalerweise in der Gesellschaft anderer Spezies, die in der Regel ein widerstandsfähiges Biotop gegen Fressfeinde, Pilze und Schadpflanzen ausbilden sowie einen gewissen Schutz gegen Trockenheit, Nährstoffmangel und Frost garantieren. In einer Monokultur muß der Mensch für das notwendige biologische Gleichgewicht sorgen. Welchen Gefahren die Rebe ausgesetzt ist, habe ich in der nachstehenden Übersicht zusammengestellt.

Bei mehr als 30 Gefahren liegt es auf der Hand, die Rebe möglichst vor negativen Einflüssen zu schützen. Da sich die Vegetation der Rebe vom Beginn des Austriebs im April bis zum Blattfall im November, die Arbeit im Weinberg dem-

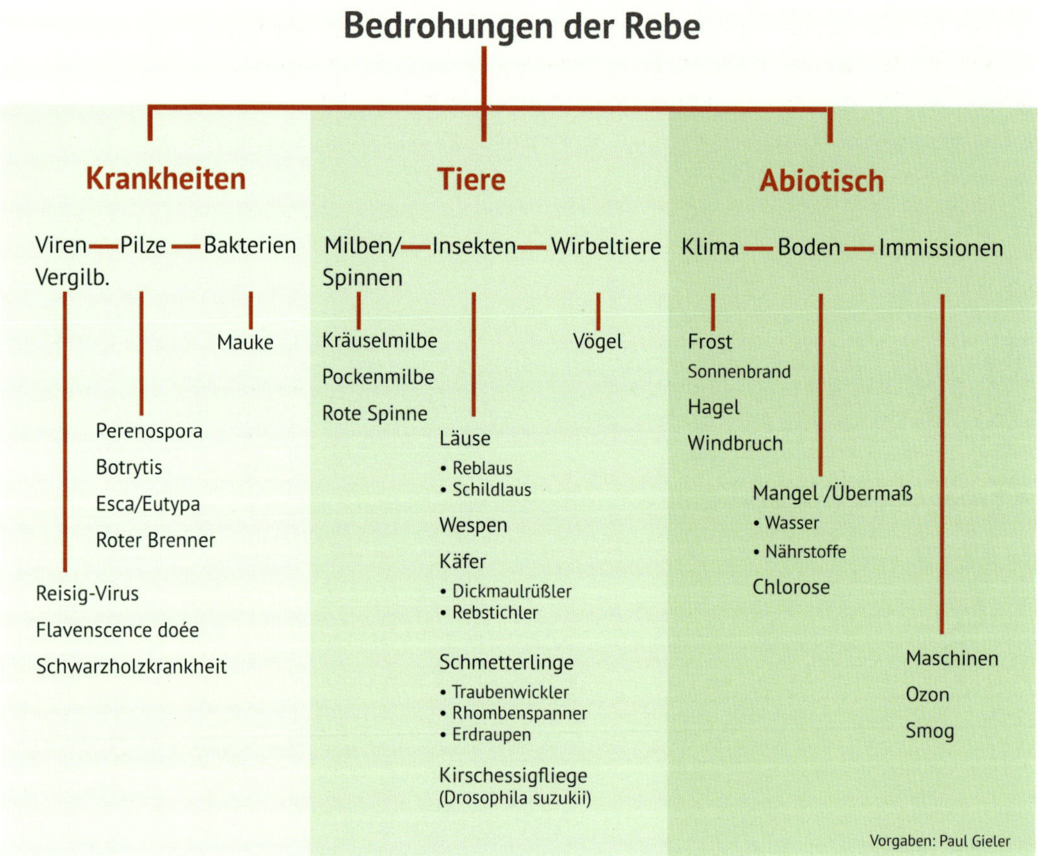

gegenüber vom Januar bis zum Leseende im Oktober erstreckt, brauchen Rebe und Weinberg das ganze Jahr Pflege und Schutz. Die Anwendung von Pflanzenschutzmitteln erfolgt nach den Grundsätzen des Schadschwellenprinzips. Das heißt, der Winzer wägt den Einsatz der Mittel und den Mehraufwand an Arbeit gegen den voraussichtlichen Schaden ab. Oidium und Peronospora können nur chemisch bekämpft werden, auf diese beiden Blattkrankheiten entfallen allein 95 Prozent aller Fungizide. Raubmilben, die beispielsweise die Rote Spinne bekämpfen, werden möglichst geschont. Dem mit Abstand bedrohlichsten Schädling der Weinbaugeschichte, der Reblaus, widme ich ein eigenes Kapitel.

Auskunft über den Rebschutz in früherer Zeit gibt das „Pelzbuch“, das Gottfried von Franken um 1300 verfasste. Es war im Mittelalter das maßgebliche Lehrbuch für den Obst- und Weinbau. Der aus der Würzburger Gegend stammende Autor stützte sich auf eigene Erfahrungen, den Austausch mit anderen Praktikern sowie Schriftquellen. Manche Mittel haben sich bis heute gehalten, etwa der Einsatz von Schwefel. Aber das meiste, was damals praktiziert wurde, wie Stöcke mit Rindermist oder Knoblauch einreiben oder Schädlinge mit Rau vertreiben, wird heute zu Recht belächelt. Vollends verrückt wurde es bei Prozessen gegen Tiere. In Avignon standen Maikäfer vor Gericht. Sie hatten sogar einen Verteidiger, der sich mit Erfolg für ihr Recht auf Nahrung einsetzte. Bis auf den heutigen Tag gehalten haben sich Bittprozessionen und Erntesegen mit der Bitte um Gottes Segen.

Der Zigarrenmacher, ein Rebstichler, der im 19. Jahrhundert große Schäden verursachte, galt als ausgestorben, wurde aber leider vor einigen Jahren in Lantershofen wiederentdeckt.

Agrarmeteorologie

„Mai kühl und nass, füllt dem Bauern Scheun und Fass". Oder auch nicht. Die Abkehr vom Prinzip Hoffnung und die Hinwendung zu einer informationstechnisch gestützten Landwirtschaft begründet die Agrarmeteorologie. Seit 2005 gibt es an der Ahr Wetterstationen. Sie stehen mitten in den Weinbergen, in Mayschoß 140 m über N.N. und in Bad Neuenahr-Ahrweiler 121 m über N.N. Damit werden die Mittelahr und die Unterahr mit wichtigen Daten versorgt. Eine weitere Station in Grafschaft-Esch, 274 m über N.N. gibt Auskunft über die Wetterverhältnisse an der Höhengrenze des Ahrweinbaus. Alle Stationen aktualisieren sich stündlich und liefern täglich 144 Datensätze, die in einer Datenbank gespeichert und über das Internet abgefragt werden können. Prognosemodelle wie den Zeitpunkt des Mottenflugs des Traubenwicklers, den Heu-, Süß- und Sauerwurm, sagen dem Winzer, wann er zur biochemischen Bekämpfung dieses Schmarotzers antreten muss.

Agrarmeteorologie

- Niederschlag
- Temperatur
- Sonnenscheindauer
- Wasserbilanz
- Luftfeuchte
- Blattnässe
- Wind
- Vegetationstage

Wetterstation Bad Neuenahr, 121 über N.N.

Pilze und Insekten

Heute sind Pilze eine der größten Bedrohungen im Weinanbau. Die Graufäule kannte man allerdings schon im Mittelalter. Richtig gefährlich wurde es mit der Einfuhr der Amerikanerrebe Mitte des 19. Jahrhunderts. Mit ihr wurde 1848 die Pilzkrankeit Oidium, echter Mehltau, eingeschleppt. Die Peronospora, der falsche Mehltau, folgte 30 Jahre später. Der Supergau war aber die Reblaus, die den Weinanbau in ganz Europa zu vernichten drohte. Etwa seit dem Jahr 2000 kommt ein Holzpilz dazu, der sich ESCA nennt.

Holzkrankheit ESCA

ESCA ist eine Mischinfektion verschiedener Pilze eines Mittelmeer-Feuerschwammes. Befallene Rebstöcke zeigen ein sogenanntes Tigermuster. Die Trauben reifen nicht. Bekämpfungsmöglichkeiten gibt es kaum. Der Rebstock muss entfernt oder bestenfalls am unteren Schenkel amputiert werden.
Ab 2009 machte sie sich in den europäischen Weinanbaugebieten breit. 2013 hatte sie es bis Süddeutschland und 2014 bis an die Ahr geschafft. Die Rede ist von der Kirschessigfliege. Wirtspflanzen sind vor allem Süßkirschen, Himbeeren, Brombeeren und dunkle frühreife Trauben. Sie ist deshalb so unangenehm, weil sie kurz vor der Reife zuschlägt und dann nicht mehr chemisch bekämpft werden kann.

Bereits seit dem Mittelalter bekannt ist der Traubenwickler. Er kann ganze Ernten vernichten. Heute setzen wir an der Ahr gegen diesen Schädling Pheromonfallen ein, das sind Ampullen mit Sexualduftstoffen, die zu Beginn des Mottenfluges im April ausgebracht werden. Die Duftstoffe verhindern, dass Männchen und Weibchen zusammenfinden. Ein Mayschosser Heimatdichter schrieb hierzu folgenden Reim:

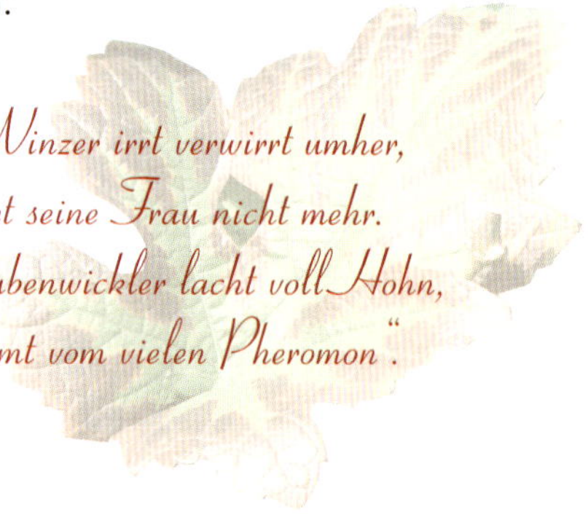

„Der Winzer irrt verwirrt umher,
er findet seine Frau nicht mehr.
Der Traubenwickler lacht voll Hohn,
das kommt vom vielen Pheromon".

Hubschrauber im Pflanzenschutz?

Beim Aufbringen von Spritzmitteln schreibt das Arbeitsschutzgesetzt weitreichende Sicherheitsmaßnahmen vor. Beim Spritzen der flachen und mäßig steilen Weinberge wird in der Regel mit einem Anbaugerät am Schlepper oder der Schlauchspritze gearbeitet. Die Winzer müssen dabei einen „coronamäßigen" Mund-Nasenschutz tragen. Nach den Naturschutzgesetzen ist ein Pflanzenschutz mit Luftfahrzeugen grundsätzlich verboten. Eine Ausnahme besteht für Steillagen. An der Ahr sind das 70 Prozent der Weinberge. Die Hubschrauberspritzung muß jährlich neu beantragt werden und wird nur unter strengen Auflagen genehmigt. Es dürfen nur Fungizide ausgebracht werden. Insektizide sind nicht erlaubt, an der Ahr aber wegen der biochemischen Bekämpfung des Traubenwicklers auch nicht nötig. Trotzdem ist das Spritzen per Hubschrauber durchaus umstritten. Gehen wir der Frage nach, warum unsere Winzer die Hubschrauberspritzung nutzen und welche Vor- und Nachteile damit verbunden sind.

Zuerst die Vorteile. Die Hubschrauberspritzung bringt dem Winzer eine erhebliche Entlastung während der arbeitsintensiven Vegetationsphase. Sie öffnet ein Zeitfenster für qualitätsfördernde Arbeitsgänge wie Traubenhalbierung, Entblätterung und Grünernte. Außerdem fliegt der Hubschrauber an

Hubschrauber in der Lage Altenahrer Eck

den Tagen, an denen nach einer Prognose die Infektionsgefahr am größten ist, was mittelbar auch zur Qualitätssicherung beiträgt. Auch unter Umweltschutzgesichtspunkten hat die Hubschrauberspritzung Vorteile. Gäbe es sie nicht, müssten innerhalb weniger Tage mehr als 100 Winzer mit Traktor und Schlauchspritze in die Steilhänge fahren. Schmale Wege ohne Ausweich- und Wendemöglichkeit erfordern ein hohes Maß an Organisation, erhöhen den Arbeitsdruck und bergen eine Menge Konfliktpotential. Weiter müsste jeder Winzer seine Spritzbrühe selber mischen. Trotz genauer Mengenbestimmung wären Spitzmittelreste, die aufwendig entsorgt werden müßten, nicht zu vermeiden. Und Nebenerwerbswinzer sind oft nicht in der Lage, den Infektionszeitpunkt genau zu treffen, weil sie sich mit ihrer Weinbergsarbeit zwangsläufig nach den Arbeitszeiten im Hauptberuf richten müssen.

Jetzt die Nachteile. Obwohl die Auflagen, wie Abstände zu Wohnhäusern und geeignete Wetterverhältnisse wie Windstille und mäßige Temperaturen, sehr streng sind, verbreiten sich die Fungizide flächendeckend in der Umwelt. Auch die Abdrift zu den Grundstücken der Öko-Winzer macht zunehmend Prob-

leme. Zudem steigen die Kosten fast jährlich und belaufen sich zurzeit auf 3.000 Euro pro Hektar. Weiter kann der Pflanzenschutz im Betrieb häufig nicht durchgängig organisiert werden, wenn auch Weinberge in flachen und mäßig steilen Lagen vorhanden sind. Und dann müssen die beiden letzten Spritzungen in der Steillage vom Boden aus durchgeführt werden, da die hohen Laubwände den ausreichenden Schutz der Trauben von oben verhindern.
Fazit: Trotz der Vorteile ist der Einsatz von Hubschraubern für den Pflanzenschutz auf längere Sicht mehr als fraglich. Der Ausweg könnten Drohnen sein, die aber zurzeit noch in der Entwicklungsphase stecken.

Die physikalischen Feinde

Väterchen Frost, die Eisheiligen und die kalte Sophie werden von jedem Winzer gefürchtet. Im Weinbau unterscheidet man drei Frostperioden: Früh-, Winter- und Spätfrost. Im Zuge des Klimawandels suchen verstärkt auch Hagelschläge und Sonnenbrand unsere Weinberge heim. Aber zunächst zu den Frösten. Frühfröste ab Ende September schädigen die noch nicht ausgereiften Trauben vor der Ernte, am Stock „verkaalt", wie es an der Ahr heißt. Das letzte Mal war das 1972 in den Weinorten von Rech bis Altenahr der Fall. Auch Winterfröste treten, wenn überhaupt, nur noch lokal auf. Gefürchteter sind dagegen die Spätfröste Ende April bis Mitte Mai. Dafür sind dann die Eisheiligen und die kalte Sophie verantwortlich. „Pankratz, Servaz und Bonifaz sind drei böse Brüder, was der Frühling gebracht, zerstören sie wieder", so die dazugehörige Bauernregel. Die Namenstage der „Brüder", am 12., 13. und 14. Mai sowie der kalten Sophie am 15. Mai, gelten in Mitteleuropa als Witterungsregelfälle.

Frühfrostschaden

Mitte Mai ist in Deutschland mit relativ hoher Wahrscheinlichkeit mit einer Kältephase zu rechnen, die auch zu leichten Nachtfrösten führt. Da die Reben bereits ausgetrieben haben, können auch Temperaturen nur leicht unter null Grad große Schäden anrichten.

Infolge des Klimawandels sind an der Ahr kaum noch Frostschäden zu beklagen. Auch die Wälder auf der rechten

Spätfrostschaden Lage Dernauer Goldkaul, 12.05.2020

Ahrseite haben in den letzten Jahrzehnten größere Frostschäden verhindert. Totalschäden, wie zum Beispiel 2011 und 2020 in einigen Weinorten in Württemberg, gehören aber der Vergangenheit an. Zudem hat man erkannt, dass gut ausgereiftes Rebholz Frost besser wegsteckt, weshalb der früher oft praktizierte Rebschnitt direkt nach der Lese kaum noch stattfindet. In dieser letzten Reifephase ziehen sich die Zuckerstoffe aus den Blättern in das Holz zurück, was den Rebstock im Winter frostresistenter macht und den Austrieb im nächsten Frühjahr begünstigt.

Bis in die 1960er Jahre hat man an der Ahr versucht, Spätfrostschäden mittels „Räuchern" zu verhindern oder wenigstens zu minimieren. Ein abenteuerliches Verfahren, das folgendermaßen ablief: An vorher festgelegten Standorten wurden Teerfässer und Altreifen deponiert. Da es in klaren Nächte bei Tagesanbruch am kältesten ist, riefen spätestens um 6.00 Uhr Sirenen oder Kirchenglocken die Winzer zur Räucherwehr. Der Teer und die Altreifen wurden angezündet und qualmten dabei natürlich fürchterlich. Der dichte Rauch verhinderte aber die direkte Sonneneinstrahlung, was ein langsames, schadenbegrenzendes Auftauen der empfindlichen Jungtriebe möglich machte.

Letztes Räuchern im Jahr 1965 in der Lage Recher Blume

Mit der Anhäufung von Gewittern sind Hagelschläge die logische Folge. Allerdings finden diese an der Ahr nur lokal statt und sind im Vergleich zu anderen Weinanbaugebieten selten. Eine organisierte Hagelabwehr scheint noch nicht notwendig.

Im Vergleich hierzu: In Baden-Württemberg gibt es fünf Hagelabwehrregionen mit sieben Hagelfliegern. Bei der Entstehung von Gewitterzellen versprühen diese in den Wolken Silberjodid und verhindern so die Bildung großer Hagelkörner. Sonnenbrandschaden ist erstmals im Jahr 2019 aufgetreten. Die Temperaturen erreichten an zwei Tagen im Juli die Marke von mehr als 40 Grad Celsius. Zuviel für die Reben, besonders wenn die Rebzeile auf die westliche Mittagssonne ausgerichtet ist.

Wunder gibt es immer wieder

Am Stock erfrorene Trauben kann man nicht mehr zu Wein verarbeiten. Oder vielleicht doch? Ende September 1972 waren die roten Rebsorten wegen eines gemeldeten Kälteeinbruchs, wenn auch nicht vollreif, gelesen. Aber der später reifende Riesling hing noch. Dann sank das Thermometer auf unter minus 3 Grad. Angesichts der besonderen Situation setzte der Recher Winzerverein das Mindestmostgewicht auf 40 Grad Oechsle herab. Die Winzer lasen die unreifen Trauben. Bei der Ablieferung folgte dann die Ernüchterung, denn nur ganz wenige erreichten den geforderten Mindestwert. Auch wir standen mit leeren Händen da. Besonders leid tat mir meine Mutter, die sich das ganze Jahr geplagt hatte. Ich wagte also das Unmögliche. In derselben Nacht wurden die Trauben gekeltert. Gegen den eigenartigen Frostgeschmack des Mostes stellte ich eine Schönung mit Aktivkohle, obwohl mir bewusst war, dass mit dieser radikalen Maßnahme auch andere wertvolle Inhaltsstoffe verloren gingen. Nun musste der Alkohol erhöht und die mit 18 Promille beißende Säure gesenkt werden. Da die Nassverbesserung mittels Zuckerwasser damals noch erlaubt war, wurden die ca. 2000 Liter Most mit einer Unmenge davon gedopt. Eine Reinzuchthefe setzte die Gärung in Gang. Nach den üblichen kellerwirtschaftlichen Maßnahmen wie Abstich und Filterung kam ein Wein mit hoher Restsüße heraus, die erstaunlich ausgewogen zu der Säure stand. Das Experiment war geglückt. Bei den Erstkommunionen in unserer Verwandtschaft konnten wir unseren eigenen „Eiswein“ servieren.

Am Stock erfrorene Trauben

Die Reblaus an der Ahr – Supergau und Heilsbringer

Oberirdische Rebläuse (Blattgallen)
Foto: Joachim Schmid, HS Geisenheim

Die Ahrweiler Zeitung vom 18. August 1881 machte durch eine Schlagzeile auf die Reblaus aufmerksam:
„Das Betreten des Distrikts „im Hohn" an der Südseite der Landskrone, im Banne der Gemeinde Heimersheim, wird bis auf weiteres polizeilich untersagt. Zuwiderhandlungen werden unnachsichtlich zur Bestrafung angezeigt werden".

Was war passiert? Bei einem Sonntagsspaziergang wollte sich der Neuenahrer Bürgermeister Hepke ein Bild vom Reifezustand der Trauben machen, denn die Ernte stand vor der Tür. Dabei fielen ihm absterbende Rebstöcke in einem Wingert auf. Sein Verdacht auf Reblausbefall sollte sich bestätigen. Jetzt galt es, die Ausbreitung dieses rabiaten Schädlings mit allen Mitteln zu verhindern. Das Gebiet wurde weiträumig abgesichert und von Gendarmen und Zivilwächtern Tag und Nacht bewacht. Noch vor der Ernte wurden alle befallenen Reben samt Wurzeln ausgeschlagen und mit Petroleum verbrannt. In die Erdlöcher brachte man Schwefelkohlenstoff ein. Die brutalen Maßnahmen hatten zwar Erfolg, die verseuchten Böden verboten aber eine Neuanpflanzung für mindestens 20 lange Jahre oder fielen, wie in Bad Bodendorf, auf

Rebenveredelung und Auslieferung an den Winzer

Veredlung
links: amerikanische Unterlage
rechts: europäisches Edelreis

Ein Jahr später:
Auslieferung an den Winzer

Vorgaben: Paul Gieler

Dauer wüst. Man musste sich also etwas anderes einfallen lassen. Die Lösung war eine biologische Waffe, die Pfropfrebe, deren Züchtung den Durchbruch zum modernen Weinbau brachte. Aber eins nach dem andern.

Als wurzelecht bezeichnet man eine Rebe, deren Wurzeln, Wurzelstange sowie das Edelreis aus ein und demselben Holz wachsen. Das traf bis zur Einschleppung der Reblaus auf alle europäischen Reben zu. Der oberirdische Teil wird als Edelreis bezeichnet, weil fast alle weltweit angebauten Weine dem europäischen Kulturkreis entstammen. Sie zeichnen sich durch ihre außerordentliche Schmackhaftigkeit, Frucht und Weinqualität und eine hohe Anpassungsfähigkeit an die unterschiedlichsten Boden- und Klimaverhältnisse aus. Deshalb tragen diese Reben zu Recht das Attribut *Vitis vinifera*, die Weingebende. Sie waren dem neuen Feind hilflos ausgeliefert, weil es die Reblaus in Europa bis dato nicht gab.

Die nordamerikanischen Reben sind aus der Koexistenz von Wildreben und Schaderregern hervorgegangen und gegen die Reblaus resistent. Außerdem bringen sie eine hohe Widerstandsfähigkeit gegen Oidium und Peronospora mit. Die Idee war also, auf einen amerikanischen Wurzelstock ein europäisches

Edelreis aufzupfropfen, um der Reblaus ihre Nahrungsgrundlage zu entziehen. Was auch gelang. Die moderne Pfropfrebe war geboren und rettete den europäischen Weinanbau. Es dauerte allerdings bis in die 1920er Jahre bis sie freigegeben wurde, auch danach verbreitete sie sich nur langsam. Bis Mitte der 1950iger Jahre waren Pfropfreben schwer zu bekommen, weil die großflächigen Muttergärten mit Amerikanerreben erst angelegt werden mussten und der staatliche Pfropfrebenaufbau nur langsam in die Gänge kam. Den endgültigen Durchbruch brachte die Einrichtung privater Rebenveredlungsbetriebe Ende der 1950er Jahre.

Die Antwort auf die naheliegende Frage „Warum hat man denn nicht einfach amerikanische Reben angebaut?“ ist einfach. Wein aus amerikanischen Reben schmeckt nicht. Die Trauben sind durchaus eßbar, manche erinnern sogar an Erdbeeren. Verarbeitet man aber die Trauben zu Wein, führt eine chemische Verbindung zu einer ungewohnten Geschmacksnote, dem sogenannten Fuchston. Ein strenges Wildtieraroma in der Nase und auf der Zunge? Für europäische Weingenießer ein No Go. Aber da es ja nichts gibt, was es nicht gibt, gilt er im südlichen Burgenland unter der Bezeichnung Uhudler als Spezialität und auch in Japan hat er seine Fans.

Neben der Herstellung von Pfropfreben versuchten sich deutsche Rebenzüchter Anfang des 20. Jahrhundert auch an der Kreuzung der Amerikanerrebe mit Europäern. Trinkbarer Wein kam dabei leider nicht heraus. Sie machten trotzdem weiter, wodurch sogenannte Rückkreuzungen entstanden. Und siehe da! Der Wein wurde nicht nur trinkbar, er konnte sogar mit den europäischen Sorten mithalten. Allerdings verloren diese neuen, interspezifischen Reben einen Teil ihrer Widerstandsfähigkeit. Deshalb werden sie – wie Europäerreben – auf amerikanischen Unterlagen veredelt. Was sie allerdings behielten, war ihre Widerstandsfähigkeit gegen die Pilzkrankheiten Odium und Perenospera. Sie brauchen also, je nach Wetter, gar keinen oder nur wenig Pflanzenschutz. Inzwischen sind die Rebsorten Regent, Johanniter, Pinotin, Cabernet blanc und Solaris alte Bekannte. Auch an der Ahr.

Aus Amerika nach Europa eingewandert ist die Reblaus zwischen 1856 und 1862 als „blinder Passagier“ per Schiff. In Deutschland erreichte sie 1874 als erstes die Königliche Domäne Annaberg in Bonn. Da die Ahrwinzer von dort ihr Rebgut bezogen, zeigte sich der erste Reblausbefall in Deutschland an der Ahr, im Umfeld der Landskrone. Vom ersten Auftreten 1881 bis 1930 waren an der Ahr von insgesamt 700 Hektar rund 70 Hektar befallen. Schlimm genug. Aber nichts im Vergleich zu Frankreich, wo der Reblaus bis 1885 der gesamte Rebenbestand zum Opfer fiel. Das ganze Ausmaß dieser Katastrophe zeigt sich im Flächenvergleich von damals 2,5 Millionen Hektar zu heute 806.000 Hektar.

Die Reblaus entwickelt sich in zwei Zyklen, einem oberirdischen und einem Wurzelkreislauf. Das gemeinsame oberirdische Leben ist für den Winzer harmlos. Frau und Mann leben hier gefällig an den Blättern, und das auch nur solange, bis sie Sex hatten. Nach der Begattung stirbt das Männchen, die Witwe folgt, nachdem sie ein befruchtetes Ei in die Rinde der Rebe gelegt hat. Wahrscheinlich war sich Hans Moser dieser Tatsache nicht bewusst, als er sein „Reblauslied" schrieb, in dem er den Wein und die Liebe hochleben lässt.

Ein Teil der Nachkommen wandert als Wurzelläuse, die alle weiblich sind, in die Erde und legt dort jeweils ein Winterei ab. Dann rotten sie sich zusammen, werden radikal und greifen die Rebwurzeln an. Europäische Reben überleben diesen aggressiven Angriff nicht, amerikanische Reben stecken ihn locker weg. Im Hochsommer entwickeln sich aus den unbefruchteten Eiern Nymphen, die sich zu beflügelten weiblichen und männlichen Läusen häuten und den Boden verlassen. Der Kreislauf beginnt von vorne.

Obwohl die Zahl der Propfreben in Deutschland bis Ende der 1950er Jahre auf 90 Millionen anstieg, waren sie sehr teuer, zu teuer für die meisten Winzer an der Ahr. Hier pflanzte man bis in die 1960er Jahre noch wurzelechtes Rebmaterial. Angesichts der Bedrohung durch die Reblaus war das ein gewagtes Unternehmen. Doch es ging gut. Die Böden an der mittleren Ahr sind leicht sauer, das mag die Reblaus gar nicht. Sie verabschiedete sich also Richtung Rhein. Trotzdem stellt sich die Frage, ob sie die Ahr für immer verlassen hat. Ganz ausgerottet war sie in Deutschland nie, aber durch die amerikanischen Unterlagen war keine Massenvermehrung mehr möglich. Inzwischen tritt sie vor allem in Brachen an der Mosel, am Mittelrhein und der Nahe vermehrt wieder auf. Aufgegebene Weinberge bieten der Reblaus ideale Bedingungen für eine massenhafte Vermehrung. Gott sei Dank blieb die Ahr bisher verschont.

König Spätburgunder gibt sich die Ehre

Ein Exklusivinterview

Wie lebt es sich denn so als Rebe? Wo kommt sie her? Welchen Zwängen ist sie ausgesetzt? Was erwartet sie von uns, den Winzern? Diese und viele andere Fragen hätte ich schon immer mal gerne gestellt. Deshalb nutze ich hier und jetzt die Gelegenheit. Als Interviewpartner habe ich mir den Spätburgunder ausgesucht, die Leitrebsorte an der Ahr.

Wie fühlt man sich denn so als Star der Ahr?

Danke für das Kompliment. Immerhin besetze ich heute 65 Prozent der gesamten Rebfläche an der Ahr. Da ist ein bißchen Stolz schon angebracht. Schließlich war das nicht immer so. Noch bis Mitte der 1960er Jahre war ja der Portugieser eure Leitrebsorte. Aber keine Sorge, es gibt keine Rivalitäten. Wenn die Frage es ergibt, antworte ich für meine Verwandten Frühburgunder, Grauburgunder und Weißburgunder ebenso wie für meine Freunde Portugieser, Regent und Riesling gleich mit.

Sag an, woher kommt Dein Name?

Spätburgunder ist mein deutscher Name. In Frankreich heiße ich Pinot Noir, in Italien Pino Nero. Ursprünglich sahen meine sehr kleinen Trauben einem Pinienzapfen sehr ähnlich. Voll reif sind meine Trauben dunkelblau, fast schwarz, deshalb Noir oder Nero. Mein deutscher Name kommt wohl daher, dass ich meine Reise an die Ahr zusammen mit Mönchen aus dem Burgund angetreten habe. Man könnte auch sagen, ich bin von Kloster zu Kloster gewandert und irgendwann in einem Kloster an der Ahr angekommen. Man muß dazu wissen, dass im frühen und hohen Mittelalter der Weinanbau eine der vornehmsten Aufgaben der Klöster war. Bis ich mich an der ganzen Ahr ausgebreitet hatte, dauerte es seine Zeit. Und meine Geschichte hier hat eine Menge Höhen und Tiefen.

Was hat es mit dem „Spät" auf sich?

Vom Zeitpunkt meiner Reife kann das „Spät" nicht abgeleitet sein. Ich reife nämlich mittelfrüh. Früher hieß ich am Rhein und an der Ahr Klebrot. In der Schweiz und auch in einigen badischen Gegenden nennt man mich bis heute Clevner. Burgunder heiße ich auch an der Ahr erst seit 1788, als der Altenahrer Rentmeister Delhees den roten Burgunder von Assmannshausen an die Ahr brachte. „Spät" - Burgunder wurde ich erst ab dem 18. Jahrhundert, weil ich inzwischen auch zu Reben mit früherer Reife mutiert war. Da musste der frühe vom späten Burgunder unterschieden werden.

Bis wann kannst Du denn Deinen Stammbaum zurückverfolgen?

Sicher ist, dass meine ganz frühen Vorfahren als Wildreben an den Flussauen der Rhone wuchsen. Wie es dann weiter ging, ist umstritten. Aber eine Theorie halte ich für die wahrscheinlichste. Der keltische Stamm der Allobroger wohnte in der Gegend, weltgewandte Leute mit Stil und Kultur. Klar, dass sie gerne Wein tranken. Also suchten sie nach der perfekten Rebe für ihre Gegend. Und, sie fanden mich. Das war auf jeden Fall vor der Eroberung Galliens durch Julius Cäsar. Später beschrieb mich Plinius der Ältere, ein hochgelehrter Römer, in seinen naturwissenschaftlichen Studien wie folgt: „Sie liebe kühles Klima, reife erst bei Frost und sei von schwarzer Farbe". Von der Rhone wanderte ich weiter nach Burgund. Im Jahr 881 überquerte ich die Grenze nach Alemannien und kam nach Bodman am Bodensee. Wann genau ich an die Ahr kam? Schwierig zu sagen. Damals nannte uns ja auch keiner mehr beim Namen. Es gab nur noch zwei Weinqualitäten. Eine bessere für die oberen Zehntausend und eine schlechtere für alle Anderen. Natürlich gehörte ich zu der besseren. In einer Stadtrechnung von Ahrweiler aus dem Jahr 1492 ist von weißen und roten Weinen die Rede. Gut möglich, dass die roten von mir stammten.

Wie ernährst Du Dich und Deine Trauben?

Das ist natürlich eine Frage, die alle Rebsorten betrifft. Das ist bei uns ganz anders als bei Euch. Wir leben sowohl in als auch über der Erde. Um ein berühmtes Gedicht von Schiller ein wenig abzuwandeln, „Fest gewachsen in der Erde ...". Hier sind wir verwurzelt, je nach Bodenverhältnissen mal mehr, mal weniger tief, in der Regel drei bis sechs Meter. Unsere feinen, weißlich gefärbten Faserwurzeln versorgen uns mit Wasser und den darin gelösten minerali-

Tief dringen die Wurzeln in die Erde ein (li.)

Knospenaufbruch (re.)

schen Nährstoffen. Davon müssen wir immer neue bilden, weil sie mit der Zeit verholzen. Ist das der Fall, lagern sie Nährstoffe ein, die sie bei Bedarf in den oberirdischen Teil transportieren. Allerdings mussten wir wegen der Reblaus lernen, auf fremden Füßen zu stehen. Wichtig ist hier, das die Chemie zwischen der fremden Wurzel samt Wurzelstock und unserem Edelreis stimmt. Ist die Unterlage nämlich starkwüchsiger als wir, platzen unsere Beeren und faulen noch vor der Reife. Ist sie schwachwüchsiger, konkurrieren wir um Wasser und Mineralien. Soweit zu unserer unterirdischen Existenz.

Über der Erde sind die Blätter für uns und unsere Trauben überlebenswichtig. Sie sind für uns Lunge und Zuckerfabrik in einem. Unsere Blätter atmen durch Spaltöffnungen an der Unterseite und einem System aus Hohlräumen, ihre Haupt- und Nebenadern fungieren als Leitungen. Das Prinzip ist also fast identisch mit dem von Menschen und Tieren, mit einem Unterschied. Unsere Blätter atmen vor allem nachts. Die Energie, die sie dadurch gewinnen, investieren sie tagsüber in das Wachstum und die Reife der Trauben. Während der Reife verlieren die Trauben durch das Atmen Säure. Je höher die Temperatur, desto mehr, was durchaus nicht immer gewünscht ist. Kühle Nächte und warme Tage sind also ideal.

So entsteht der Zucker (li.) Stoffwechsel der Rebe (re.) Entwürfe: Paul Gieler

Kommen wir jetzt zur Funktion der Blätter als Zuckerfabrik oder wissenschaftlich ausgedrückt, zur Photosynthese. Mit dem mineralstoffhaltigen Wasser aus den Wurzeln produzieren sie mit Hilfe des Kohlenstoffs aus der Luft den nötigen Zucker sowie zuckerhaltige Stoffe, in der Fachsprache Assimilate genannt. Dazu kommen Säuren, Aromen, Phenole und andere Stoffe, die die Weine so gut schmecken lassen. Den Transport der Zuckerstoffe übernehmen Leitgefäße im Inneren der Triebe. Die Photosynthese klappt bei 25 bis 30 Grad C am besten. Bei höheren Temperaturen funktioniert sie nur, wenn genügend Wasser da ist. Ist das nicht der Fall, schließen die Blätter die Spaltöffnungen und das Wachstum steht vorübergehend still. Zur vollständigen Reife der Trauben brauchen wir etwa 7 bis 9 Blätter als Zulieferer.

Wie ist denn das Leben als Jungrebe?

Ich gehe, wie die Winzer auch, in die Schule. Rebschule heißt das bei uns, das dazugehörige Internat nennt sich Rebveredelungsbetrieb. Hier bleibe ich ein Jahr. In diesem Jahr bilde ich – im wahrsten Sinne des Wortes – meine Wurzeln kräftig aus. Schließlich muss ich Zeit meines Lebens auf festen Füßen stehen und mich mit Nahrung versorgen.

Junge einjährige Rebe wird gepflanzt

Vom Winzer werde ich dann in ein sogenanntes Gesetz ausgepflanzt. Ein Gesetz ist eine neue Weinbergsanlage aus Rebsetzlingen und hat mit Rechtswissenschaft also nichts zu tun. Nach drei Jahren bin ich erwachsen, dann spricht man nicht mehr von Gesetz, sondern von einem Weinberg.

Ich werde von Anfang an erzogen, das heißt, jedes Jahr werden meine Reben geschnitten und meine Fruchtruten gebogen. Täten die Winzer das nicht, würde ich nach Lust und Laune mit meinen Trieben die Gegend erkunden und nur soviel Trauben ansetzen, wie ich zum Überleben brauche. Du siehst, bei uns ist das nicht anders als bei Euch.

Was hälst Du von den Erziehungsmethoden?

Na ja, das ist auch wieder wie bei Euch. Es gibt angenehme und weniger angenehme Maßnahmen. Der erste Schritt im Jahreszyklus gehört eindeutig zu den Letzteren. So Ende Februar steht nämlich der Rebschnitt an, was immer zu Tränen führt. Die Winzer sagen, ich blute. Das trifft es wohl eher, denn an den frischen Schnittstellen treten Wasser und Zucker aus, mein Blut. Also schauen wir doch mal in meine Leitgefäße. Das Braune in der Mitte ist mein Mark. Meine Leitgefäße, vergleichbar euren Adern, sind dunkelgrün. Sie transportieren das Wasser und die Zuckerlösung. In den hellgrünen Zwischenräumen

Die Rebe blutet (oben) *Fünf kleine Blättchen schützen jede einzelne Blüte – das Geschein (unten)*

Gelbsucht im Weinberg? Die Chlorose.

befindet sich das Kambium, das mein Dickenwachstum bewirkt. Am Rand, wieder braun, sieht man die Hartbaststränge und die Rinde.

Ende April, Anfang Mai treiben meine Winterknospen, die bei den Winzern Augen heißen, aus. Vorsichtig zeige ich meine Gescheine, die unten am Trieb wachsen. In der Regel sind es zwei oder drei pro Trieb. Ich schütze sie als Blütenstände mit einer Kappe aus fünf kleinen Blättchen. Gleichzeitig streben meine Triebe, versorgt mit Zuckerstoffen, in die Höhe. Bei idealem Wetter immerhin 10 bis 15 Zentimeter am Tag. Sind die Triebe nach etwa zwei Monaten lang genug, schalte ich um und leite die Zuckerstoffe in die Trauben.

Leidest Du auch unter Entwicklungsstörungen und wenn ja – warum?

Erstens. Ja, tue ich. Zweitens. Unterversorgung. Drittens. Überversorgung.
Ein Beispiel zu zweitens. Auf zu winternassen Böden wachse ich unter Sauerstoffmangel oft schneller, so dass das für meine Entwicklung erforderliche Blattgrün zurück bleibt. Meine Blätter werden blass, oder noch schlimmer, gelb. Die Ursache ist eine Störung im Eisenkreislauf, die Winzer nennen es Chlorose. Bin ich ausgewachsen, so etwa Ende Juni, habe ich den Mangel meist aus eigener Kraft wieder behoben. Ein Beispiel zu Drittens. Ich liebe magere Böden. Trotzdem gibt es Winzer, die glauben, mich mit einer ordentlichen Portion Blaukorn dopen zu müssen. Was bleibt mir anderes übrig als zu wachsen. Aber gesund ist das nicht. Meine Widerstandsfähigkeit leidet und meine Triebe werden zu dick, zu mastig, wie die Winzer sagen. Natürlich brauche ich hier und da eine Düngung, aber bitte gezielt auf meinen Nährstoffbedarf ab-

Bodenuntersuchung auf Nährstoffe

gestimmt. Hier sind Bodenuntersuchungen alle drei bis vier Jahre hilfreich. Nur mal so als Tipp.

Wo wir gerade beim Thema sind: Wie steht es denn mit Krankheiten?

Meine Krankheitsanfälligkeit ist in den letzten Jahrzehnten stark zurückgegangen. Hier haben die Winzer große Verdienste erworben. Aber speziell zwei Pilzkrankheiten, Oidium und Perenospera, sind mir erhalten geblieben. Beides sind Mehltaue, der eine echt, der andere falsch, und sie schaden meiner Gesundheit erheblich. Sie werden Mehltau genannt, weil der Pilzbefall aussieht, als hätte man Mehl auf meine Blätter gestreut. Man bekämpft sie chemisch, mit sogenannten Fungiziden. Pilz heißt auf Latein Fungis, zide bedeutet verhindern oder töten.

Wie ihr Menschen bakterielle Krankheiten mit Antibiotika, einem Bakterizid, bekämpft, brauche ich gegen meine Pilzkrankheiten Fungizide. Eure Antibiotika sind okay, aber meine Fungizide werden von euch kritisiert. Die sind umweltschädlich, heißt es. Was glaubt ihr denn, wo eure Antibiotikarückstände landen? Entschuldigung, aber das musste einfach mal gesagt werden.

Let´s talk about Sex? Wie ist denn Dein Liebesleben?

Einmalig. Im wahrsten Sinne des Wortes einmalig. Ich brauche dazu weder Bienchen noch einen Partner. Ich bin nämlich, was ihr „divers“ nennt, mit anderen Worten, ich bin ein Zwitter. Ich kann also mit mir selbst Kinder zeugen,

Der Geschlechtsakt: Fünf männliche Pollen befruchten den weiblichen Fruchtknoten

was ich auch tue. Meine Kinder sind die Kerne in den Beeren meiner Trauben. Aber da die Winzer aus meinen Trauben Wein machen, ist es mit der Fortpflanzung auf diesem Weg leider Essig. Jedenfalls für mich. Meine männlichen und weiblichen Geschlechtsorgane sind in den Blüten meiner Trauben angelegt. In jeder Blüte sind fünf männliche Pollen rund um einen weiblichen Fruchknoten gruppiert. Darüber liegen schützend fünf winzige Blättchen, Käppchen genannt. Anfang bis Mitte Juni öffnen sich diese Blättchen und die Pollen besamen den Fruchtknoten. Ein leichter Windzug ist dabei immer herzlich willkommen, nötig ist er nicht. Das war es dann mit den Sex. Bis zum nächsten Jahr.

Über winzige Keimschläuche im Innern des Fruchtknotens wandert ein Pollenkorn in eine weibliche Eizelle, wo es dann zur eigentlichen Befruchtung kommt. Eine Beere hat vier Samenanlagen, die im Idealfall alle befruchtet werden. Aus jeder dieser Samenanlagen wächst ein Kern. Also maximal vier Kerne je Beere. Ist das Wetter zu kalt oder zu nass, wird nur ein Teil meiner Samenanlagen befruchtet. Im schlimmsten Fall gar keine. Wachsen die Beeren trotzdem an, liefere ich dem Winzer kleine, kernlose Jungfernbeeren, die sich durch besondere Aromastoffe auszeichnen.

Jetzt bist Du also schwanger. Wie geht es weiter?

Ich sorge dafür, dass die kleinen Beeren auch anwachsen. Bei gutem Wetter ist das kein Problem. Es ist jetzt Juli und ich stelle mein eigenes Wachstum

Bis zu 4 Kerne in einer Beere. Sie sind die Kinder der Beere

zugunsten meiner Trauben zurück. Die Beeren werden dicker und manchmal besteht die Gefahr, dass sie sich gegenseitig am Stiel einquetschen. Viel Regen vergrößert diese Gefahr zusätzlich. Wenn die Beeren aufplatzen und faulen, war es das. Wird es zu heiß und das Wurzelwasser knapp, drücke ich auf die Pausentaste. Wenn es nicht zu lange dauert, ist das nicht weiter schlimm. Mitte August setzt die Reife ein. Habe ich dann nach Meinung der Winzer zu viele Trauben, schneiden sie die überzähligen ab. Sie nennen das Grünernte. Das Blatt-Frucht-Verhältnis muss stimmen, höre ich sie sagen. Sie haben ja recht. Schließlich braucht man für den besten Wein die besten Trauben. In einigen Gebieten verarbeitet man die unreifen Beeren zu einem grünen Saft, der sich Verjus oder Agrest nennt. In der mittelalterlichen Küche war er fester Bestandteil des Würz-Repertoires. Er hat eine mildere und raffiniertere Säure als Zitronen und ist weniger scharf als Essig. In der modernen Sterneküche ist er wieder en Vogue. Das ist doch was, oder?

Warum reifen die einzelnen Beeren einer Traube unterschiedlich?

Das weiß ich auch nicht so genau. Grundsätzlich reifen Frühburgunderbeeren vom Stiel ausgehend von innen nach außen. Meine Spätburgunderbeeren färben auf der ganzen Beerenschale, aber nicht alle gleichzeitig. Ich sehe das so: Wie bei euch gibt es Frühentwickler und Spätzünder. Bei den unreifen, grünen Beeren helfe ich bei der Aufnahme der Zuckerstoffe halt ein bißchen nach.

Entwicklungsstadien Zellteilung (li) bis Reifebeginn (re)

Was hälst Du denn von Kreuzungen?

Viel. Sehr viel. Ich verbreite meine Gene gern, wann immer man mich lässt. Immer das Gleiche ist auf Dauer lang weilig. Da unterscheiden sich Rebe und Mensch nicht sehr. Da unsere Mädels, die Fruchtknoten, standfest sind, müssen bei uns die Männer, also die Pollen, in die Fremde gehen. Früher waren diese Ausflüge viel einfacher, weil es viel mehr Neben- und Durcheinander unterschiedlicher Rebsorten gab. Da hatte Mann es in der Regel nicht weit zur schönen Nachbarin. Klappte die spontane Paarung, war eine neue Rebsorte geboren. Es gibt eine Menge solcher Erfolgsgeschichten.

Zum Beispiel diese hier. Es war ein warmer Junitag Ende des 13. Jahrhunderts. Eine Traminerrebe rankte an einem Felsen, eng umschlungen von einer anderen Rebe mit dem Namen Weißer Heunisch. Vor dem Felsen kletterte eine männliche Wildrebe einen Baum hinauf. Der Weiße Heunisch und die Wildrebe hatten gerade ihre Käppchen geöffnet, als ein leichter, angenehmer Sommerwind aufkam, der beider Samen zu der Traminerrebe beförderte. Die Beeren reiften aus und schütteten ihre Kerne auf den Boden. Ein Kern wuchs zu einem neuen Sämling heran. Er nannte sich Riesling und sollte einmal weltberühmt werden.

Im Klartext: Der Riesling ist eine natürliche Kreuzung zwischen Traminer, Weißer Heunisch und einer Wildrebe, botanisch *vitis sylvestris*. Meine Liebe zum Weißen Heunisch ist inzwischen ein offenes Geheimnis. Wir beide haben

Unterschiede im Reifeverhalten: links Spätburgunder, rechts Frühburgunder

so an die 80 Nachkommen. Einer davon, der Chardonnay, hat es sogar zu weltweitem Ruhm gebracht.

Wie stehst Du zu künstlicher Befruchtung?

Jahrtausende sind wir Reben hier in Europa ja ganz prima alleine klar gekommen. Aber gegen eine gelegentliche Blutauffrischung und einen kulturellen Genaustausch ist ja nichts einzuwenden. Es geht also schon in Ordnung. Ihr habt das ja auch gleich streng wissenschaftlich aufgezogen. Einer der ersten Wissenschaftler, Hermann Müller aus Thurgau in der Schweiz, war an der Weinbauanstalt Geisenheim angestellt. 1882 kam er auf die geniale Idee, die männlichen Pollen vom weiblichen Fruchtknoten zu trennen und eine andere „Frau" zu befruchten. Geniale Idee? Wir haben das immer schon so gemacht, aber egal. Die „Frau" war ein Riesling, der „Mann" eine Tafeltraube mit dem Namen „Madeleine Royal". Aus den Kernen entstand eine neue Rebsorte, der Müller-Thurgau. Heute kennt man ihn unter dem Namen Rivaner. Andere Züchter wie Georg Scheu oder August Herold haben Reben gezüchtet, die mehr Zucker oder eine intensivere Farbe hatten und auch noch einen vielfachen Ertrag brachten. Beispiele sind die Scheurebe und vor allem der Dornfelder mit seinen riesigen schwarzblauen Trauben.

Wir alten historischen Rebsorten machten uns zunehmend Sorgen. Mengenmäßig konnten wir nicht mithalten. Durch die Auslese der Besten hatten wir aber die Unterstützung der Winzer. Stell Dir das vor wie einen Wettbewerb: viele von uns bewarben sich, aber nur die besten wurden genommen und weiter vermehrt. In einem ganz entscheidenden Punkt sind wir den künstlich befruchteten Reben nämlich immer noch überlegen. Unsere Qualität beschränkt sich nicht nur auf die Oechslegrade, gemessen mit einer Mostwaage. Wir haben darüber hinaus Säuren, Phenole und Aromen in einer Vielfalt und Raffinesse zu bieten, die unsere durch künstliche Befruchtung entstandenen Kollegen locker in den Schatten stellen.

Wer gehört alles zu Deiner Familie?

Ich bin ein Burgunder. Wir sind als die – sagen wir – experimentierfreudigste Rebsorte überhaupt bekannt. Über meine innige Verbindung mit dem Weißen Heunisch haben wir schon gesprochen. Der Chardonnay ist unser bekanntestes Kind und ein echtes Kind der Liebe. Ich bin die Mutter, der Weiße Heunisch ist der Vater. Bei Kreuzungen wird übrigens die Mutterrebe immer zuerst genannt: Spätburgunder x Weißer Heunisch = Chardonnay.

Aber es gibt noch eine zweite Linie, die sogenannten Mutanten. Ursprünglich waren alle Burgunder Rotweinreben. Aber wer sagt denn, dass das immer so bleiben muss? Ich habe also mein genetisches Inventar verändert. Einfach so, aus einer Laune heraus. Und heraus kamen der Grauburgunder und der Weißburgunder, mit anderen Aromen und anderem Geschmack. Aber sie können ihre Abstammung nicht verleugnen. An der Ahr musste ich auch mutieren. Der Grund war das langanhaltende, schlechte, zu kalte Wetter bei Euch an der Ahr. Da ich aber überleben wollte und es mir hier auch ausnehmend gut gefiel, musste ich mir etwas einfallen lassen. Ich beschloß, rot zu bleiben, aber zwei Wochen früher zu reifen. Der „Frühburgunder" war geboren. Er ist ein bißchen schwierig, ich weiß. Aber er ist eben etwas Besonderes.

Wie bewertest Du die Entwicklungen der letzten 70 Jahre?

Früher war es gemütlicher, die „Loddemöhne" kümmerten sich liebevoll um mich und unterhaltsamer war es auch. Das ist ja leider vorbei. Heute sind die Weinberge viel größer, das ist gut, da habe ich endlich genug Platz. Sie werden auch anders bewirtschaftet. Ich sehe ein, dass das sein muss, aber ich bin nicht mit allem glücklich. Die Drahterziehung ist okay. Aber Maschinen im Weinberg? Manchmal verletzen sie meine Triebe und Wurzeln schmerzlich.

Maschinen fehlt einfach das Gefühl. Was die Bodenpflege betrifft, viel besser als früher. Ob der Boden offen gelassen, mit Stroh abgedeckt oder begrünt wird, entscheidet ihr heute individuell, je nachdem, wie steil der Hang ist, wie anfällig der Boden für Erosion ist oder ob er befahren werden kann oder soll. Allerdings könnten meine Böden öfter aufgelockert werden, damit meinen Wurzeln nicht die Luft ausgeht. Und dann diese Wegspritzerei von Wild-

Darstellung einer Neuzüchtung

Männliche und weibliche Blüten werden getrennt und gekreuzt. Aus den Trauben gehen Kerne hervor.

A Diese werden im Gewächshaus und im Sämlingsquartier in Töpfchen eingepflanzt.

B Die besten 10 gehen in eine Vorprüfung.

C Vier Reben (Nr. 3, 6, 9, 10) kommen in die Zwischenprüfung

D Zwei Reben (Nr. 6, 10) kommen in die Hauptprüfung

E Eine (Nr. 6) – inzwischen vegetativ in großer Stückzahl vermehrt - dann in eine Basisanlage.

F Erst nach mehreren Jahren im Praxistest erfolgt die Zulassung durch das Bundessortenamt.

Bereits bei B werden kleine Mengen Wein ausgebaut.

Bachemer Karlkopf – vermutete Lage ersten Frühburgunders

kräutern, früher Unkraut. Darunter leide nicht nur ich, sondern auch die vielen Nützlinge in meinem Umfeld. Früher durfte ich auch älter werden, mit dem Unwort der abgelaufenen „Umtriebszeit“ ist mein Leben heute nach 30 bis 40 Jahren vorbei. Wenn ich an die knorrigen 80 bis 100jährigen auf ihren extrem steilen Miniterrassen denke, kommt schon manchmal Neid auf.

Gut finde ich, dass es seit 1990 zunehmend wärmer wird. Ich genieße diese Entwicklung in vollen Zügen. Endlich kann ich jedes Jahr voll ausreifen, was ja auch die Qualität meiner Weine steigen lässt. Allerdings haben wir seit ein paar Jahren ein anderes Problem. Es regnet nicht genug, und wenn, dann häufig zu heftig. Der Regen hat dann keine Zeit, in den Boden einzudringen. Statt dessen rasen Sturzbäche ins Tal und schwemmen auch noch die Böden aus. Hier tun mir die jungen Kollegen leid, denn sie sind für eine längere Trockenzeit noch nicht tief genug verwurzelt. Und die flachgründigen Schiefer- und Grauwackeböden an der Mittelahr sind jetzt auch nicht gerade die tollsten Wasserspeicher. Die Trockenjahre 2018, 2019 und 2020 haben uns allen drastisch vor Augen geführt, wie wichtig ausreichend Wasser zur richtigen Zeit ist.

Einige Winzer haben ihre Weinberge mit einer Tröpfchenbewässerung ausgerüstet. Eigentlich bin ich ja dagegen. Denn ein moderater Trockenstress

veranlasst meine Wurzeln das Wasser in den tieferen Erdschichten anzuzapfen. Normalerweise reichen die Wasservorräte von Winter und Frühjahr bis weit nach meiner Blüte. Beim Wachstum und der Reife meiner Beeren darf es wieder etwas mehr sein. Aber in heißen Jahren, besonders wenn ich auf Böden mit dünner Feinerdeauflage stehe, ist Tröpfchenbewässerung schon etwas Feines. Aber alles zu seiner Zeit und am besten mit Regenwasser, das in Rückhaltebecken oder Zisternen gespeichert wurde. Ich sage nur Nachhaltigkeit...

Der Pinot noir aus dem Burgund ist doppelt so teuer wie Du. Wie kommt das?

Die Qualität an der Ahr ist heute gleichwertig, wenn nicht höher. Aber das war nicht immer so. Meiner Meinung nach gibt es dafür mehrere Gründe. Hier wie da wurden wir auf kleinen und kleinsten Parzellen dicht an dicht gepflanzt. Aber an der Ahr mussten diese kleinen Parzellen viel mehr Menschen ernähren. Also hat man uns ausgebeutet. Drei bis vier Bogreben an einem Stock, das hält auch die stärkste Rebe auf Dauer nicht aus. Da werden die Trauben halt immer weniger und immer schlechter. Dazu habt ihr über Jahrzehnte ein erbärmliches Marketing und eine noch erbärmlichere Preispolitik gemacht. Und zu allem Überfluss noch euer enges Kirchturmdenken. Jeder sah nur seinen

Klimawandel

Jahrestemperaturen		Mostgewicht Spätburgunder	Jahresniederschläge	
1951 – 1980	9,6 °C	65 °Oe	1951 – 1980	625 mm
1961 – 1990	9,8 °C		1961 – 1990	661 mm
1971 – 2000	10,1 °C		1971 – 2000	649 mm
1981 – 2010	10,3 °C		1981 – 2010	671 mm
2008 – 2020	11,1 °C	85 °Oe	2008 – 2020	638 mm

Tabelle: Paul Gieler

Trockenstress beim Spätburgunder – Kleine Beeren mit wenig Zuckergehalt, 2018 Walporzheimer Pfaffenberg

Betrieb. Als dann die Genossenschaften aufkamen, wurde immerhin das Dorf zum Mittelpunkt der Welt. Aber bitte, wo blieb das große Ganze? Im Burgund war man da cleverer. Hier gibt es zwar immer noch die extreme Kleinparzellierung aus vergangener Zeit. Aber man hat schon vor langer Zeit den Ertrag drastisch reduziert. Qualität statt Quantität war die Devise. Und die großen Weinhandelshäuser haben nicht nur ihre Produkte und sich optimal vermarktet, sondern das ganze Gebiet gleich mit. Die Preispolitik ist nach dem Motto „Was nichts kostet ist auch nichts" gewachsen. Das zahlt sich heute aus. Aber auch dort kochen die Winzer nur mit Wasser. Heute finden die Burgunder an der Ahr die besten Voraussetzungen, absolute Spitzenprodukte zu liefern. Was wir auch tun. Und das mit den Preisen kriegt ihr auch noch hin. Da bin ich sicher.

EDC BRAND & CO

Traubenlese im Rekordjahr 2018

Im Weinkeller

Rat eines alten Weinhändlers an seine Enkel
Bild: Toni Giffels

Von der Traube zum Wein

Etwa siebzig Prozent der Qualität des fertig ausgebauten Weines trotzen die Ahrwinzer der Natur draußen im Weinberg ab. Für die restlichen dreißig Prozent gilt es im Keller die Vorgaben der Natur zu bewahren und auszubauen. Über das Geheimnis eines alten Weinhändlers um das Jahr 1900 „Mer kann och us Droove Weng maache" – man kann auch aus Trauben Wein machen - können die Winzer heute nur noch schmunzeln.

Ein paar Stufen nach unten, und schon sind wir in einer anderen Welt. Hier – in der Unterwelt sozusagen – wird aus Trauben Wein gemacht. Während der Weinbau vom Winzer Fachwissen in Ampelographie, das ist Rebsortenkunde, Ökologie und Betriebswirtschaft verlangt, kommen im Keller weitere Disziplinen wie Önologie, das ist Kellerwirtschaft, Mikrobiologie, Verfahrenstechnik, Chemie und Weinrecht hinzu. Wussten Sie übrigens schon, dass ein volles Weinfass ein Bioreaktor ist? Wenn nicht, dann wissen Sie es jetzt! Und man kann diesen Begriff sogar auf die Weinflasche ausdehnen; denn sowohl im Fass als auch in der Flasche finden eine Reihe chemischer und biologischer Prozesse statt.

Wer war Ferdinand Oechsle?

In Deutschland misst man den Reifegrad von Trauben in Grad Oechsle. Ferdinand Oechsle (1771–1852), ein Pforzheimer Apotheker, Goldschmied und Physiker. Er und sein Sohn Christian Ludwig hatten bemerkt, dass der Most mehr wog als Wasser, weil seine Inhaltsstoffe, vornehmlich der Zucker, die Flüssigkeit verdichten und schwerer machen. Genau diesen Unterschied wollten sie meßbar machen. Die von Oechsle im Jahr 1825 entwickelte Senkwaage, die sogenannte Mostwaage, zeigt dieses Mehrgewicht an.

Reines Wasser hat eine Dichte von 1.000 Gramm je Liter bei 20 Grad Celsius. Ein Liter Most mit 90 Grad Oechsle misst demgegenüber 1.090 Gramm. Mit Grad Oechsle wird folgerichtig die Qualität des Mostes bestimmt. Heute wird der Most nur noch selten mit der Senkwaage, sondern optisch durch das Refraktometer gemessen. Das ist ein Monokular mit zwei Prismen und sieht in etwa aus wie ein kleines Fernrohr. Der Winzer träufelt den Saft der Beere auf die Prismen. Das einfallende Licht bricht die Flüssigkeit. Eine Skala im Innern des Geräts zeigt die Abweichung und somit die Dichte des Mostes, gleichzusetzen mit Grad Oechsle.

Obwohl das Messprinzip dasselbe ist, sind in anderen Ländern andere Messeinheiten gebräuchlich: in Österreich in KMW, Klosterneuburger Mostwaage, in Frankreich und Spanien in Grad Baumé.

Refraktometer – 89° Oechsle

Behandlung von Trauben, Maische und Most

Für einen guten Wein braucht es gesunde Trauben. Deshalb werden einzelne faule Beeren schon bei der Lese „ausgelesen". Das ist nur von Hand möglich. Ein paar wenige Betriebe ergänzen diesen Arbeitsgang an sogenannten Lesetischen vor Ort im Weingut.

Handsortierung am Lesetisch

Entrappen (Entfernung der Stiele von den Beeren)

Ursprünglich gab es nur rote Trauben. Weiße Trauben entstammen sogenannten Farbverlustmutationen. Aus ihnen kann man nur Weißwein machen. Damit hat es sich. Die Herstellung von Rotwein ist aber ungleich anspruchsvoller und schwieriger. Rote Trauben können nämlich mehr. Man kann sie zu Rotwein, Rosé oder Weißherbst sowie Blanc de Noir verarbeiten. Schon vor der Ernte hat der Kellermeister sein „Wein-Drehbuch" im Kopf. Will er seinen Wein gut verkaufen, muss er seine „eigene Handschrift" mit den Wünschen seiner Kunden in Einklang bringen. Welcher Stil ist gefragt? Sollen es fruchtige und elegante Rotweine mit zügiger Gärung werden? Oder doch lieber dichte Rotweine mit längerem Schalenkontakt? Das kürzere oder längere Einweichen der Beeren in der Maische, je nach gewünschter Stilrichtung, nennt sich in der Fachsprache Mazeration. Sind Weißherbste oder eher Blanc de Noir-Weine gefragt? Soll der Weißwein normal oder kalt vergoren werden? Alles Fragen, die der Winzer klären muss, ehe die Arbeit richtig losgeht.

Im Weinkeller

Als erstes werden die Trauben entrappt, das heißt, die Beeren werden von den Stielen entfernt. Damit verhindert der Kellermeister, dass die Weine mit „grünen“ Bitterstoffen – Catechinen und Gallussäure – überlagert werden, die rau, grasig und abstoßend schmecken. Dann werden die Beeren nicht gepresst, sondern zu Maische gemahlen, einer Mischung aus Saft, Kernen und Beerenschale. Erste Erkenntnisse über die zu erwartende Weinqualität liefert der ph-Wert.

Um die rote Farbe aus der Beerenschale zu lösen, stehen zwei Verfahren zur Wahl: die Maischegärung und die Maischeerhitzung. Bei der Maischegärung handelt es sich um das traditionelle Verfahren, das für hochwertige Weine bis heute zwingend ist. Die Maischeerhitzung setzte sich um die Jahrtausendwende in großen Betrieben durch. Mit ihr können große Mengen an Trauben schneller verarbeitet und farbintensivere Weine gewonnen werden. Das Verfahren ist wenig schonend und wenig umweltfreundlich. Alle Hefen und Bakterien werden abgetötet. Eine Vergärung mit natürlichen Hefen ist also nicht mehr möglich. Der rote Most wird analog zum weißen Most vergoren, die daraus gewonnenen Weine sensorisch in der Regel schlechter beurteilt. Die hohen Anschaffungskosten sowie der hohe Energieverbrauch für die schnelle Erhitzung und die Rückkühlung sind auch nur für große Betriebe zu stemmen. Es gilt daher der Grundsatz: Maischeerhitzung in großen Betrieben und für Basisweine. Für kleine Betriebe und zur Herstellung von Kult- und Premiumweinen gibt es zur traditionellen Maischegärung keine Alternative.

Gärröhrchen (li.)

Kellermeisterin Astrid Rickert, verantwortlich für über1 Million Liter Wein pro Jahr (re.)

Spät- und Frühburgunder und der blaue Portugieser, die tradionellen Rotweinsorten an der Ahr, lagern ihre Farbpigmente nicht im Saft, sondern in der Schale ein. Erst mit dem Eintritt ins saure Milieu, das heißt, der Verbindung der Säure aus den Beeren mit den Schalen, verändert sich die Farbe des Mostes von blau zu rot. Es handelt sich dabei um einen komplizierten chemischen Prozess, der vom Kellermeister bis zum gewünschten Ergebnis gelenkt und kontrolliert werden muß.

Pflanzenfarbstoffe sind wenig stabil und reagieren auf Oxidation, Alterung, schweflige Säure und den PH-Wert. Rund 250 verschiedene Varianten sind wissenschaftlich nachgewiesen, von denen maximal fünf die Farbe des Rotweins bestimmen. Ihre Intensität ist abhängig von der Rebsorte und der Reife der Trauben. Die roten Burgunder besitzen einen helleren, ziegelroten Farbstoff, Malvidin genannt. Der Dornfelder dagegen enthält alle fünf Rotweinfarben. Gleichwohl steht die Qualität des Spätburgunders unbestritten über der des Dornfelders. Was beweist, dass tiefdunkle Rotweine nicht per se besser sind.

Alkoholische Gärung

„Da stelle mer uns mal janz dumm: enne winzige Schlock macht enne herrliche Kater". Wer kennt sie nicht, die Geschichte vom Lehrer Bömmel in Spoerls Feuerzangenbowle? Wir sind bei der Verstoffwechslung des im Most enthaltenen Zuckers in Alkohol und Kohlendioxid: vulgo, der alkoholischen Gärung.

Sie wird durch Mikroorganismen ausgelöst, die zur Gattung der Pilze gehören. Allseits bekannt sind sie als Hefepilze. Im Gärtank vermehren sich die Hefen rasant zu einer aktiven „Arbeiterbewegung". Um es auf einen Nenner zu bringen: Sie fressen Zucker, rülpsen Kohlensäure und pinkeln Alkohol und verwandeln so süßen Most in Wein. Qualitativ ein völlig anderes Produkt. Eine Gärung mit ausschließlich natürlichen Hefen nennt der Winzer Spontangärung. Diese Hefen verkörpern das Typische des Terroirs am besten. Die Trauben bringen diese natürliche Hefe auf den Beerenhäuten aus dem Weinberg mit. Im Keller verbinden sie sich dann noch mit den vorhandenen natürlichen Kellerhefen. Natürliche Hefen sind reich an wilden Hefen, die anstelle von Alkohol oft eigenartige Stoffe und Aromen erzeugen. Sie starten die Gärung, in deren Verlauf dann die Zuckerhefen übernehmen, die für die Umwandlung von Zucker in Alkohol verantwortlich sind. Allerdings haben natürliche Hefen eine große Schwäche, sie sind weniger alkoholtolerant, weshalb sie zu Gärstörungen neigen. Das heißt, der Most bleibt in der Gärung stecken. Nun ja, nobody is perfect.

Bis in die 1960er Jahren wurden fast alle Weine an der Ahr spontan vergoren. Um das Risiko von Gärstörungen zu vermeiden, fügten die Winzer nach und nach Reinzuchthefen dazu. Die sind stabiler und unterstützen die natürlichen Hefepopulationen. Die Gärung nur mit Reinzuchthefen gewann an Boden. Den Durchbruch brachte aber erst der überreife, extrem säurehaltige Jahrgang 1976. Kamen anfangs ausschließlich Flüssighefen der Versuchs- und Lehranstalten für Weinbau zum Zug, verwendet man heute überwiegend Trockenhefen. Zwar ist die Gewinnung von Alkohol das Hauptziel der Gärung, aber es fallen auch noch wichtige Nebenprodukte an, wie Gäraromen oder die Farbstoffausbeute bei der Maischegärung. Bei den hochwertigen Weinen erlebt die Spontangärung zurzeit eine Renaissance. Unstrittig ist, dass spontan vergorene Weine komplexer, ausdrucksstärker und gehaltvoller sind. Jeder Wein ist ein Unikat und vermittelt ganz eigene Sinneseindrücke. Eine erfolgreiche Spontangärung setzt aber absolut gesundes Lesegut voraus und ist ungleich aufwendiger in Durchführung und Überwachung.

Beim Weißwein wird der Most direkt in Edelstahltanks vergoren. Um möglichst viele Fruchtaromen zu erhalten, ist es heute üblich, die Gärung bei kühlen 12 bis 18 Grad Celsius durchzuführen. Das erfordert Geduld, denn eine Gärdauer von mehreren Tagen bis hin zu Wochen ist normal. Anders sieht das bei der Maischegärung von Rotweinen aus. Je nach Weinstil ist sie bei fruchtigen, leichteren Weinen, bei 25 bis 30 Grad Celsius, kürzer, bei tanninhaltigen,

Nieder mit dem Tresterhut

körperreichen Weinen, bei 20 bis 25 Grad Celsius, länger. Nach fünf bis neun Tagen hat es sich aber ausgegärt.

Die Maische vergärt bei größeren Chargen, insbesondere bei Genossenschaften und größeren Weingütern, in Maischetanks. Durch die Gärungskohlensäure bildet sich der Tresterhut, der als zusammenhängender Kuchen nach oben aufschwimmt. Um mikrobiologische Risiken mit Fehlgärungen und Oxidationen zu vermeiden, muss dieser Tresterhut regelmäßig untergearbeitet werden. In den Tanks geschieht das maschinell, sozusagen auf Knopfdruck. Bei der offenen Maischegärung in kleinen Weingütern sowie kleinen Mengen hochwertiger Weine stampft man den Tresterhut alle 3 bis 4 Stunden per Hand unter.

Kann man an den natürlichen Hefen den Wein eines bestimmten Weinanbaugebietes erkennen? Wenn ja, hätten die Weine aller deutschen Anbaugebiete ihr Alleinstellungsmerkmal. Mit viel Elan machte sich die Fraunhofer-Gesellschaft von 2012 bis 2015 an die Arbeit. Mit dem Forschungsprojekt „*Vitis spontest*" an der Ahr; frei übersetzt: „Wein aus spontan vergorenen Trauben", finanziert vom Bundesministeriums für Bildung und Forschung, sollte die individuelle Stilnote des Ahrweines anhand verschiedener Arten von Hefen festgestellt werden. Die Ergebnisse waren ernüchternd. **Kurz gesagt**: Hefen sind Hefen, aus welchem Anbaugebiet sie auch immer stammen.

Trauben sind die süßesten Früchtchen der Welt. Das ist auch gut so, schließlich entsteht Wein durch die Umwandlung von Zucker in Alkohol. Das Mostgewicht, das über die Menge Zucker im Saft Auskunft gibt, ist deshalb das erste

Beurteilung des Jungweines

und wichtigste Kriterium. Aber wie wird das gemessen? Ein Liter Wasser wiegt 1000 Gramm. Most besteht aus Wasser und Zucker. Der Zucker erhöht das spezifische Gewicht des Wassers. Sagen wir, ein Liter Most wiegt 1090 Gramm. Das überschüssige Gewicht entspricht 90 Grad Oechsle, die aber noch einmal mit 2,3 multipliziert werden müssen, um den Zuckergehalt zu ermitteln. Ein Liter Most dieser Qualität enthält also rund 210 Gramm Zucker je Liter. Nach der Gärung werden daraus rund 12 %vol. Alkohol. Fehlt es an natürlichem Zucker hilft der Kellermeister mit handelsüblichem Zucker nach, das nennt sich in der Weinsprache anreichern oder chaptalisieren. Er balanciert die Extrakte im Wein mit einem höheren Alkoholgehalt aus und verhilft dem Wein so zu einem runden, kräftigen, nachhaltigen Körper.

Phenole

Phenole sind in jedem Wein enthalten, egal ob rot oder weiß. In weißen Weinen sind sie allerdings weniger erwünscht. Sie beeinflussen den Geruch und den Geschmack, die Farbe und die Textur des Weines. Sie bilden sich in den Traubenkernen und in den Beerenschalen und bestimmen den Gerbstoffgehalt, die Tannine im Wein. Bei Rotweinen sind sie ein wichtiger Qualitätsträger, sie geben dem Wein Körper und garantieren eine längere Haltbarkeit. Ihr Geschmack ist eher bitter. Allerdings mildert sich dieser Bitterton während der Lagerung in der Flasche deutlich. Der Phenolgehalt eines Weines hängt von der Rebsorte und dem Reifegrad der Trauben ab. Besonders rote Neuzüchtungen wie der Regent zeichnen sich durch eine intensive Farbe und ausgeprägte Gerbstoffe aus. Phenole gibt es in verschiedenen Untergruppen, eine davon ist

Der rote Wein verlässt die Kelter

Resveratrol, das 1976 zum ersten Mal nachgewiesen wurde. Es schützt – bei mäßigem Weingenuss! – vor Herz-Kreislauf-Erkrankungen. Hier ist der Rotwein dem Weißwein überlegen, einfach, weil er mehr Phenole enthält.

Kelterung

Nach sieben bis neun Tagen haben die Hefen ganze Arbeit geleistet und sich am Ende mit der Produktion des Alkohols ihr eigenes Grab geschaufelt. Sie sterben ab. Jetzt wird der Jungwein abgezogen, dann wird die Maische gepresst, um auch den letzten kostbaren Tropfen zu nutzen. Übrig bleibt der Trester, eine intensiv riechende, rotbraune Masse, die destilliert wird. Aber dazu später mehr. Obwohl moderne Pressen mit Druckluft und automatischer Steuerung anders funktionieren als die herkömmlichen Kelter, hat man den Begriff „Kelterung“ beibehalten. Bei weißen Trauben folgt das Abziehen des Saftes und das Pressen der Maische sofort nach dem Abbeeren und Mahlen.

Biologischer Säureabbau

Nach der Gärung ist der Jungwein fertig; beim Rotwein bis auf den allerletzten Schritt – den biologischen Säureabbau. Trauben enthalten zu fast gleichen Teilen Weinsäure – gut! – und Apfelsäure – nicht gut, denn die Apfelsäure lässt Rotweine bissig, hart und kratzig schmecken. Aber auch hier hat die Natur vorgesorgt. Der Wein enthält nämlich Bakterienstämme, die ab 18 Grad

Celsius Apfelsäure in Milchsäure umwandeln. Der Kellermeister muss also nur für die nötigen Plusgrade sorgen. Dann braucht er nur noch abzuwarten. Das erwünschte Ergebnis wird zuverlässig geliefert. Bei Weißweinen ist die Apfelsäure erwünscht. Sie macht sie geschliffen und verleiht ihnen jugendliche Frische.

Zugabe von Schwefel

Weil ich in zahlreichen Veranstaltungen immer wieder zum Thema „Schwefel im Wein" befragt wurde, möchte ich mich hier diesem Thema einmal ausführlich widmen. Um es vorweg zu nehmen: Wein wird nicht mit Schwefel, sondern mit Schwefeldioxid, einem flüssigen Gas, behandelt. Sowohl Schwefel als auch Schwefeldioxid reagieren im Wein zu schwefliger Säure, deren Salze man Sulfite nennt. Gelber Schwefel in fester Form wird allenfalls zur Konservierung leerer Fässer, durch Abbrennen eines Spans, benutzt. Da die Begriffe in der Umgangssprache austauschbar sind, beschränke ich mich in meinen weiteren Ausführungen auf den Begriff Schwefeldioxid.

Schwefeldioxid im Wein und Schwefel in der Umwelt sind zwei völlig verschiedene Dinge. Schwefeldioxid macht den Wein erst haltbar. Schwefel in der Umwelt bewirkt genau das Gegenteil, wie die Beispiele saurer Regen oder beschädigte Baudenkmäler zeigen. Leider wird das eine mit dem anderen ständig verwechselt. Vor allem der Kater am nächsten Tag wird gerne dem Schwefeldioxid im Wein in die Schuhe geschoben. Aber für die meisten Menschen ist Schwefeldioxid unbedenklich, da das körpereigene Enzymsystem für einen schnellen Abbau sorgt. Durch Nahrungsmittel wie zum Beispiel Eier, Trockenfrüchte, Chips, Fleisch, Fisch, Säfte oder Marmelade nehmen wir täglich etwa 2500 Milligramm Schwefeldioxid auf. Sie werden umgehend abgebaut und über den Urin ausgeschieden.

Das Weingesetz schreibt für den Gehalt an Schwefeldioxid im Wein Höchstmengen vor. Bei Weinen mit hohem Restzucker sind das bis 400 Milligramm je Liter. Bei ökologischen Weinen reduziert sich die Höchstmenge auf 350 Milligramm je Liter. Trockener Rotwein enthält maximal 250 Milligramm pro Liter, trockener Weißwein etwas mehr. Ein Liter trockener Rotwein enthält also gerade einmal 10 Prozent der Menge Schwefeldioxid, die jeder von uns pro Tag aufnimmt. Es ist also nicht fair, das arme Schwefeldioxid für Ihren Kater verantwortlich zu machen.

Da Schwefeldioxid als allergen gilt und bei Menschen mit Nahrungsmittelunverträglichkeiten und bei Asthmatikern schon in kleinen Mengen zu Problemen führen kann, muss eine Konzentration über 10 Milligramm pro Liter auf dem Weinetikett ausgewiesen werden. Dort steht dann „enthält Sulfite" oder „enthält schweflige Säure". Weil aber die Hefen bereits bei der Gärung mehr als 10 Milligramm Schwefeldioxid pro Liter produzieren, gibt es so gut wie keinen Wein ohne.

Schwefeldioxid übernimmt im Wein drei wichtige Aufgaben:

1. Schutz durch mikrobiologische Stabilisierung
2. Schutz vor Oxidation
3. Unterstützung der Geschmacksaromen.

Eins und zwei wirken sich auf die Haltbarkeit aus, sie machen den Wein lange lagerfähig. Allerdings bedarf es dafür eines bestimmten Gehalts an freiem Schwefeldioxid. Im Zuge der Gärung und des Weinausbaus verbindet sich das Schwefeldioxid mit anderen Stoffen, wie zum Beispiel Aldehyd, die als Schwefelfresser bekannt sind. In gebundener Form sind sie nicht mehr wirksam und werden als nutzloser Ballast mitgeschleppt. Weinrechtlich ist aber vom Gesamtwert auszugehen. So sind in insgesamt 100 Milligramm Schwefeldioxid nur noch 40 bis 50 Milligramm freies Schwefeldioxid enthalten. Erst im Magensaft werden die Verbindungen wieder aufgespalten.

Wann der Wein geschwefelt wird, hängt davon ab, wann mit den „Angriffen" schädigender Mikroorganismen zu rechnen ist. Bei Trauben, die gesundheitlich beeinträchtigt sind, setzt man bereits der Maische, spätestens aber dem Most Schwefeldioxid zu. Sind die Trauben gesund, kann der Kellermeister sich Zeit lassen. Der Zusatz von Schwefeldioxid erfordert viel Können und Erfahrung und stellt für den Kellermeister immer eine Herausforderung dar.

Also kein Wein ohne Schwefeldioxid? Das stimmt so nicht ganz. Die Forschungsanstalt Geisenheim hat jahrzehntelang an einem Verfahren getüftelt, Weine ohne Schwefeldioxid auszubauen. Allerdings ist dieses Verfahren wirtschaftlich, technisch, energetisch und finanziell derart aufwendig, dass seine Anwendung gut überlegt sein will. Will heißen, es ist – jedenfalls noch – einfach zu teuer.

Klärung durch den Schichtenfilter

Ein anderer Ansatz, Weine ohne oder zumindest mit einem sehr geringen Gehalt an Schwefeldioxid auszubauen, wird seit kurzem bei den sogenannten Orange- bzw. Naturweinen verfolgt. Es handelt sich dabei um Weißweine, die auf der Maische vergoren werden. Auf diese Weise wird der Gerbstoffgehalt gezielt erhöht, wovon man sich einen ausreichenden Schutz erhofft. Die Weine sind, wie zu Urgroßvaters Zeiten, stark oxidativ, enthalten Essigsäure und sind mit Mikroorganismen aller Art belastet. Trinkfreuden kommen da meiner subjektiven Meinung nach nicht auf. Sollten Sie das anders sehen, probieren Sie einfach.

Klärung

Die Redewendung „Schenk mir reinen Wein ein“ hat ihren Ursprung natürlich in der Weinwirtschaft. Der Wein sollte keine Trubstoffe mehr enthalten, er sollte klar sein, denn das Auge trinkt bekanntlich mit. Die Aufforderung eines Richters, ihm reinen Wein einzuschenken, dient dagegen allein der Wahrheitsfindung. **Übrigens**: Verstöße gegen das Weinrecht werden immer strafrechtlich geahndet. Bußgelder gibt es nicht.

Aber zurück zum Thema. Wein enthält jede Menge Schwebeteilchen. Das lässt sich gut in einer Flasche Federweißer oder Federroter beobachten. Die kleinen Partikel schweben im Wein wie Federn in der Luft, daher der Name. Die größeren dieser Partikel sind schwerer als Wein und sinken mit den Hefen auf den Fassboden, wo sie beim Umpumpen des Weines liegen bleiben. Der Winzer

Weinstein im Rotwein

nennt das Abstich. Die kleineren Partikel filtert man heraus. Bei gesundem Ausgangsmaterial verzichten die Winzer gern auf die Filtrierung, weil mit den Trubstoffen auch andere, wertvolle Inhaltsstoffe verloren gehen.

Weintrauben, bzw. deren Beeren enthalten Eiweiß, geringfügig gilt das auch für die Hefen. Die Eiweißmenge hängt von der Rebsorte, dem Jahrgang und dem Gesundheitszustand der Trauben ab. Ein zuviel an Eiweiß macht den Wein instabil. In diesem Fall wird der Wein geschönt. Ja, sie haben richtig verstanden, der Wein wird schön gemacht. Nicht mit Puder und Lippenstift, sondern mit einer Substanz aus verschiedenen Tonmaterialien vulkanischer Asche, die sich Bentonit nennt. Auch sehr gerbstoffreiche Weine werden geschönt. Allerdings nicht mit Bentonit, sondern mit Gelatine oder Kasein. Zu viele Gerbstoffe lassen die Weine hart und kratzig schmecken. Die Gelatine und das Kasein binden die Gerbstoffe, die Weine werden weicher und sind angenehmer zu trinken. Allerdings sind sie nicht mehr vegan und müssen wegen des Allergierisikos mit „enthält Ei" gekennzeichnet werden.

Dann sind da noch die Kristalle am Flaschenboden. Es handelt sich nicht, wie vielfach behauptet, um ungelösten Zucker, sondern um Weinstein. Weinstein entsteht aus den Salzen der Weinsäure, Kalium und Kalzium, die sich zu einem unauflöslichen Kristall verketten. Er ist gesundheitlich völlig unbedenklich, geschmacksneutral und hat keinerlei Einfluss auf die Qualität des Weins. Bei jungen Weißweinen ist er recht häufig, kommt aber auch bei Rotweinen vor. Will man ihn entfernen, muss der Wein auf null Grad Celsius heruntergekühlt

Fasslager im Weinkeller

werden, damit die Salze sich verklumpen und entfernt werden können. Kleinere Betriebe sehen hier keine Notwendigkeit, sie erklären ihren Kunden die Natur des Weinsteins und weisen auf seine gesundheitliche Unbedenklichkeit hin.

Weil sowohl das Filtrieren als auch das Schönen den Wein strapazieren, versuchen die Kellermeister diese Belastungen soweit wie möglich zu minimieren oder auch ganz zu vermeiden. Ahrrotweine lässt man üblicherweise mindestens ein Jahr lang reifen. Die Erfahrung hat gezeigt, dass sich der Wein in dieser Zeit selbst stabilisiert und in der Regel ohne Schönung und scharfe Filterung auskommt. Dabei spielt es keine Rolle, ob er im Stahltank oder im Holzfass liegt. Zusammenfassend kann man sagen: Eingriffe gibt es immer dann, wenn die Weine wegen der Nachfrage nach dem neuen Jahrgang oder aus Kostengründen nach nur wenigen Monaten Reifezeit auf den Markt gebracht werden.

Fassausbau

Spätestens nach dem biologischen Säureabbau wird der Wein mit Schwefeldioxid mikrobiologisch stabilisiert. Jetzt ist er fertig, aber noch lange nicht trinkreif. Der Reifeprozess dauert seine Zeit und ist nichts anderes als die Lagerung bei kontrollierter Zufuhr von Sauerstoff. Streng genommen ist Sauerstoff kein Freund des Weins. Er lässt er ihn schnell altern und am Ende ungenießbar werden. Deshalb gilt – sowenig wie möglich und so viel wie nötig. Rotweine brauchen mehr, Weißweine weniger Sauerstoff. Wieviel es jeweils sein muss, hat ein erfahrener Kellermeister im Gefühl.

Fassherstellung beim Küfer

Traditionell lagert der typische Ahrspätburgunder im Fass, im Holz, sagt man dazu. Manche kürzer, manche länger, das kommt ganz auf das Fass an. Denn hier gibt es wichtige Unterschiede, und zwar die Fassgröße. Die größten Holzfässer, das ovale Stück, fasst 1.200 Liter. Am häufigsten ist an der Ahr das runde 1.000 Literfass, das Fuder. Die hochwertigen Weine werden mindestens neun Monate im Barrique gelagert, das mit nur 225 bis 350 Litern klein ist. Barriquefässer werden bei ihrer Herstellung getoastet, was dem Wein zu weiteren Geschmacksstoffen verhilft, wie feinen Vanille- und/oder Raucharomen. Aber Vorsicht! Zu starkes Barrique kann einem Wein zu viel Holz geben. Er schmeckt dann, als ob man auf einem Stück Eichenholz kaut - bitter und einfach bäh. Unsere Ahrwinzer haben genug Erfahrung und Fingerspitzengefühl, um genau das zu vermeiden.

Zur Vermeidung von zu viel Sauerstoff im Wein muss das Fass immer „spundvoll" sein. Spund nennt man die Öffnung oben im Fass. Ist das nicht der Fall, besteht die Gefahr, dass der Wein innerhalb von Tagen komplett oxidiert. Das heißt, der Wein verliert seine Frische, wird braun und nimmt einen an Sherry-Ton an.

Wird ein Wein unter komplettem Luftabschluss gelagert, besteht die Gefahr, dass er nur reduziert oder gar nicht chemisch reagieren kann. Ist das der Fall, riecht er nach faulen Eiern oder Kuhstall. Nicht gerade angenehm. Ein Mindestmaß an Luftkontakt ist also, besonders für Rotweine, unerlässlich. Allerdings reichert das Umpumpen von einem Fass zum anderen den Wein bereits mit dem notwendigen Sauerstoff an. Dazu kommt eine, wenn auch geringfügige Sauerstoffzufuhr durch das Spundloch und die Fassdauben. Das reicht in der Regel, um eine unerwünschte Reduktion zu vermeiden.

Kleine Fässerkunde am Rande: Weinfässer sind immer Eichenholzfässer. Die großen Fässer werden, wenn möglich, aus heimischer Eiche gefertigt, was mehrere Vorteile hat. Zum einen gibt man dem Wein möglichst viel Heimat mit, zum anderen ist der Winzer dabei, wenn der Baum ausgesucht wird. Winzer wissen, dass Holz nicht gleich Holz ist, selbst wenn es aus einem Stamm stammt. Wichtige Auswahlkriterien sind Wachstum, Geruch und Farbe des Holzes, weil sie sich direkt auf die Pflege des Weins und die Förderung seiner Aromen auswirken. Bis zu 35 Meter hoch und über 150 Jahre alt, sind die Eichen oft viel älter als manches Weingut. Da sie zwei Weltkriege miterlebt haben, muss sicher gestellt sein, dass sie frei von Eisenresten, wie zum Beispiel Bombensplittern, sind. Unter Berücksichtigung weiterer Ausschlusskriterien wie Spechtlöchern, Mondringen und Splinthölzern sind nur etwa 30 Prozent der Baumstämme für die Herstellung von Fässern geeignet. Die großen Eichenfässer kosten drei bis vier Euro je Liter Fassungsvermögen. Das ist schon ein tiefer Schluck aus der Pulle. Allerdings können die großen Fässer über mehrere Generationen befüllt werden. Ordentliche Pflege vorausgesetzt!

Barriquefässer werden entweder aus französischer Limousin-Eiche oder amerikanischer Weißeiche hergestellt. Die Kellermeister bevorzugen die härtere französische Eiche, auch wenn sie deutlich teurer ist. So kann ein Barriquefass durchaus mit sechshundert bis eintausend Euro zu Buche schlagen. Die Haltbarkeit der Barriquefässer ist mit drei Belegungen, gleich Füllungen, sehr kurz. Ein teures Unterfangen, besonders, wenn man sich die, wie ich finde, unerfreuliche Entwicklung zur Herstellung von Barriqueweinen ansieht. Seit 2006 ist auch in Deutschland erlaubt, was in Australien schon lange Routine ist. Die Rede ist von der Zugabe gerösteter Eichenholzschnitzel. Dieses Verfahren ist viel billiger und deutlich schneller. Noch preiswerter ist eine andere Form der künstlichen Aromatisierung: die Stave-Technology. Dabei werden dünne Eichenbretter in einem metallenen Gestell im Stahltank versenkt. Der gewünschte Barriqueton stellt sich bereits nach ein paar Wochen ein. Kein Wunder also, dass diese „Barriqueweine" im Lebensmitteleinzelhandel zu Preisen angeboten werden, die weit unter denen liegen, die ein klassisch hergestellter Barriquewein beim Winzer kostet. Kosten muss ! Na ja, das eine ist halt Alkohol, das andere ist Wein.

Das altehrwürdige Handwerk der Herstellung von Fässern oblag dem Küfer oder Böttcher. Das Fassmachen ist aufwendig, körperlich anstrengend und technisch hoch anspruchsvoll. Diese Kunst beherrschen heute in Deutschland, wie auch im Rest Europas, nur noch ganz wenige hochspezialisierte Großbetriebe. Aber wie machte das der Küfer oder Böttcher früher in reiner Handarbeit ? Er hatte meist einen Vorrat an Stämmen, aus dem er mit dem Winzer den für das gewünschte Fass geeigneten aussuchte. Als erstes schnitt er, immer entlang der natürlich gewachsenen Fasern, aus dem Holzstamm die Bretter für die Dauben auf die erforderliche Länge. Spiegelschnitt nennt sich diese Technik, die garantiert, dass das spätere Fass dicht ist und lange hält. Dann hobelte er in der Mitte der Bretter etwas Holz weg, so dass jedes Brett an den Kopfenden etwas dicker war als in der Mitte. Als nächstens wurden die Bretter über einem Feuer erhitzt und zu Dauben gebogen. Dazu bedarf es einer Temperatur von 400 bis 600 Grad. Danach wurden die Dauben zusammengesetzt, mit Eisenringen fixiert und über einem Feuer geröstet. Dann mussten der Boden hergestellt und millimetergenau eingepasst und das Spundloch ausgeschnitten werden. Der letzte Schritt war die Herstellung und Anpassung des Deckels.
Übrigens: Fässer können nur aus abgelagertem, durchgetrocketem Holz hergestellt werden, was eine Lagerzeit von mindestens drei Jahren erfordert.

Sensorische Kontrollen

Liegen Früh- und Spätburgunder einmal im Fass, ist eine wöchentliche sensorische Kontrolle absolut notwendig. Sie erinnern sich an die launischen Diven, als die besonders der Frühburgunder, aber auch der Spätburgunder verschrien sind? Diese Launenhaftigkeit hört ja im Keller nicht auf. Schmeckt der Most nur süss und fruchtig, geht der Geschmack nach der Gärung durch die Entwicklung weiterer Bouquetstoffe und Phenole schon deutlich in Richtung Wein. So richtig „weinig" werden die roten Weine aber erst im Fass, wo weitere Aromen und Gerbstoffe den Geschmack abrunden.

Sensorische Kontrolle

Flaschenfüllung

Nach etwa einem Jahr im Fass ist es dann so weit, der rote Wein kann auf Flaschen gefüllt werden. Das erledigen moderne vollautomatische Abfüllanlagen besonders schonend. In der Flasche verfeinern sich Aromen und Geschmack weiter. Bei optimaler Lagerung tritt nach einigen Jahren die „Flaschenreife" ein, der Wein hat sein Geschmacksoptimum erreicht und sollte getrunken werden. Nach dem Abzug in die Flasche muß die ja auch verschlossen werden. Naturkorken, Kunststoffstopfen, Glas- oder Drehverschluß? Der Winzer muss sich entscheiden. Am längsten bewährt, und ich meine auch, nach wie vor am besten, ist der gute alte Naturkorken. Allerdings waren fehlerhafte Korken, die durch den „Korkschmecker" den Wein ungenießbar machen, in den letzten Jahren sehr häufig. Zeitgleich stieg der Preis für gute Korken in luftige Höhen. Wegen dieser schlechten Erfahrungen kam der Kunststoffstopfen vermehrt zum Einsatz. Doch er ist keine dauerhafte Lösung, weil er, im Vergleich mit allen anderen Verschlüssen, deutlich sauerstoffdurchlässiger ist, was die Haltbarkeit des Weines verkürzt. Wird der Wein schnell getrunken, wie unsere Weißweine oder Blanc de Noirs, ist das kein Problem. Eine hygienische Alternative ist der Drehverschluss, der an der Ahr den Kunststoffstopfen fast verdrängt hat. Bei Premium- und Kultweinen, die in der Regel über Jahre gelagert werden, setzen fast alle Winzer auch weiter auf den klassischen Naturkorken. Genießer solcher Weine wollen und sollen auf das markante „Plop" beim Flaschenöffnen nicht verzichten müssen.

Korkeiche Alentejo Portugal (li)

Schälung nach 25 Jahren (alle 9-10 Jahre) (re)

Es hat sich als Irrtum herausgestellt, dass Drehverschlüsse den Wein so abdichten, dass diese chemisch und mikrobiologisch nicht mehr reagieren. Die Verkostungen älterer Jahrgänge zeigte, dass sich auch unter minimalem Sauerstoffeintrag, wie bei Drehverschlüssen, noch wichtige Reifeprozesse vollziehen. Es bilden sich nämlich Ester, die entstehen, wenn Alkohol und Säure reagieren. Hierzu braucht es nur wenig Sauerstoff. Sie lassen den Wein fruchtig und weich schmecken, weil sie der Säure die Schärfe nehmen. Das Ungestüme junger Weine wird durch die Verkettung von Molekülstrukturen gebändigt, die die harten Tannine abbauen, wissenschaftlich Polymerisation genannt. Neben Alkohol und Säure machen vor allem die Tannine unsere Spätburgunder haltbar. Mit dem Abbau der Tannine werden die Weine sanfter, eleganter und nehmen an Komplexität und Feinheit zu. Die Verkettung erfolgt so lange, bis sie sich als Bodensatz in der Flasche absetzen. Guter Ahrburgunder dürfte dann mindestens ein Jahrzehnt auf der Flasche gelegen haben. Der Bodensatz lässt sich leicht durch Dekantieren vom Wein trennen.

Naturkorken werden aus der Rinde der Korkeiche gewonnen, die rund um das Mittelmeer millionenfach wächst. Nach rund 25 Jahren wird sie zum ersten Mal von der Rinde befreit, die aber noch keine Weinqualität hat und industriell verwertet wird. Erst in den darauf folgenden acht bis zehn Jahren wächst die Korkschicht in die Weinqualität. Die Schälung kann in gleichen Abständen wiederholt werden. Aus der Korkschicht wird der Korken heraus gestanzt. Er

Winzerkapelle mit dem kleinsten Keller des Ahrtales
Foto: Klaus Geck

besteht aus sechseckigen Prismen, die im Wesentlichen mit in der Luft enthaltenem Stickstoff gefüllt sind. Darum sind Korken leicht und elastisch. Der übliche Durchmesser beträgt 24 Millimeter bei 38 bis 50 Millimeter Länge. In der Abfüllanlage komprimiert das Korkschloss den Korken auf einen Durchmesser von 13 bis 15 Millimeter. In der Flasche dehnt er sich wieder aus und verfestigt sich am Flaschenhals. Nach langjährigen Untersuchungen wurde die Hauptursache für den unangenehmen Korkgeschmack im Wein festgestellt. Durch die Lagerung frisch geschnittener Korkplatten auf dem Waldboden konnten Schimmelpilze eindringen und bei der Wäsche im Chlor-Bad kam es zu weiteren Verbindungen, die zur Bildung von Schadstoffen beitrugen. Inzwischen sind die Fehler abgestellt und die Reklamationsquote konnte von zwei bis fünf Prozent auf unter ein halbes Prozent gesenkt werden.

Fazit: Nur die richtige Menge Sauerstoff lässt den Wein in der Flasche zum Optimum reifen und beeinflusst seine Lagerfähigkeit. Je mehr Sauerstoff, desto kürzer die Haltbarkeit. Die Differenzierung erfolgt durch die Sauerstoff-Transferrate. Hohe Werte entfallen auf den Kunststoffstopfen, mittlere auf den Naturkorken und geringe auf den Schraubverschluss. Die Lagerfähigkeit eines Weines wird aber in erster Linie vom Inhalt bestimmt. Leichte Sommerweine sollten nach ein bis zwei Jahren ausgetrunken sein. Trockenbeerenauslesen können über 100 Jahre alt werden. Gute Spätburgunder schmecken nach 8 bis 10 Jahren noch hervorragend. Fragen Sie Ihren Winzer, der kennt seinen Wein am besten.

Im Kapellenkeller mit Burgundia Ruth Simons. Begleiter v.l.: Paul Gieler, Marc Linden, Bernd Krah

Qualitätsprüfungen

Ist der Wein auf die Flasche gefüllt, muss er zwei weitere Prüfungen bestehen. Die Fachsprache nennt das „geprüfte Qualität im Glas“. In einer ersten Stufe wird der Wein zur analytischen Prüfung einem Weinchemiker übergeben. Dieser stellt fest, ob sich die Inhaltsstoffe wie Alkohole, Säuren und Extrakte im Rahmen der gesetzlichen Bestimmungen bewegen. Der Chemiker stellt dem Wein eine Expertise aus. Zusammen mit der Expertise wird der Wein dann einer sensorischen Prüfung durch Fachleute unterzogen. Geprüft wird, ob Farbe, Klarheit, Geruch, Geschmack und Harmonie der angegebenen Qualitätsstufe entsprechen – und ob der Wein fehlerfrei ist. Erst wenn das alles stimmt, gibt es die amtliche Prüfnummer, die auf jedem Weinetikett stehen muss. Die Flasche wird etikettiert und kann nun in den Verkauf gelangen. Beim Trinken wird Ihnen dann klar: es ist selten zu früh und nie zu spät für einen Früh- und Spätburgunder. Aber halt! Da ist noch die Verkostung, die ihre eigenen Regeln hat, bevor die sinnliche Wahrnehmung erfolgt.

Ihr Urteil ist besonders wichtig. Deutsche Weinkönigin 2010/2011 Mandy Gieler geb. Großgarten

Sinnliche Wahrnehmung des Weines

Essen und Trinken mit allen Sinnen findet in unserem Alltag kaum noch statt. Fastfood – schnelles Essen – steht heute überall und in allen möglichen Ausführungen jederzeit zur Verfügung. Gern auch mit Erfrischungsgetränk. Mit Genuss hat das nichts zu tun. Genuss braucht Zeit und Ruhe und offene Sinne. Ein hervorragendes Essen spricht alle Sinne an. Das gilt natürlich auch für einen edlen Wein. »Color-Odor-Sapor« lautet die Kurzformel. Die Farbe spricht das Auge an, der Geruch die Nase und der Geschmack die Zunge. Aber erst das Zusammenspiel dieser drei schenkt Momente puren Glücks. Gönnen Sie sich doch ab und zu eine richtig gute Flasche Wein. Freuen Sie sich schon beim Öffnen an diesen sanften „Plop". Gießen Sie ihn vorsichtig ins Glas, schwenken Sie ihn langsam und bewundern Sie seine Farbe und seinen Körper. Stecken Sie dann ihre Nase tief ins Glas, nehmen Sie alle Aromen auf, denn wir schmecken, was wir riechen. Und dann schließen Sie die Augen und nehmen einen Schluck. Lassen Sie ihn langsam über die Zunge rollen. Und dann – dann geben Sie sich diesem allumfassenden Glücksgefühl hin, das so nur ein Wein schenken kann.

Liebe Mandy, wie trinkt man Wein richtig?

Das Faszinierende am Wein ist seine sensorische Vielfalt, die zahlreichen Aromen, die unsere Nasen betören. Diese Feinheiten kann der Weintrinker nur erfahren, wenn er das richtige Weinglas in Händen hält. Derjenige, der ein ungeeignetes Glas verwendet, verschenkt ein gutes Stück des Duft- und Geruchserlebnisses. Schon die Römer benutzten prächtig verzierte Glaskelche. Die Erkenntnis, dass die Form des Glases entscheidend für die Aromaentwicklung ist, ist aber noch recht neu. Bis in die 1980er Jahre war das Kristallglas stilführend. Auf den Weinfesten wurde der Wein ausschließlich in kleinen 10cl Glasbechern ausgeschenkt; viel zu wenig für ein Weinerlebnis. Das heute gebräuchliche dünnwandige Weinglas gründet auf dem Grundsatz, dass die Form der Funktion folgen muss. Es besteht aus den Elementen: „Fuß, Stiel und Kelch". Man greift zum Stiel und nicht zum Kelch. Dadurch bleibt er sauber und irritierende Düfte, wie Creme oder Parfüm, die sich noch an der Hand befinden, werden vermieden. Der Kelch hat unten einen Bauch, der sich nach oben verjüngt. Perfekt für den riechenden Weintrinker.

Zu den nicht im Weinrecht definierten Geschmacksbezeichnungen gehört die Bezeichnung „feinherb". An der Ahr versteht man hierunter Weine im Übergangsbereich von trocken nach halbtrocken. In anderen Weinanbaugebieten wie Mosel und Mittelrhein können es aber auch Weine sein, die sich im Bereich von halbtrocken nach lieblich bewegen.

Soll man Wein dekantieren?

Die Antwort ist ein klares „es kommt darauf an". Weißweine und Roséweine werden zumeist frisch getrunken. Sie werden fast ohne Sauerstoff, in der Fachsprache reduktiv, ausgebaut. Dekantieren ist hier wenig sinnvoll. Anders sieht es bei Rotweinen, wie dem Ahr-Spätburgunder, aus. Sie werden oxidativ ausgebaut, das heißt sie brauchen zu jeder Zeit, sowohl bei der Reifung im Fass als auch bei der Verfeinerung auf der Flasche, etwas Luft. Wenn auch nur wenig! Eine wichtige Rolle spielen die Flaschenverschlüsse. Bei einem Naturkorken liegt die Sauerstofftransferrate im mittleren Bereich; das heißt, es gibt genügend Luftkontakte. Fast luftdicht abgeschlossen sind Flaschen mit Glas- oder Drehverschlüssen. Diese Weine ringen vor dem Genuss nach Luft ähnlich einem Taucher, der an die Wasseroberfläche kommt. Je länger der Rotwein in der Flasche liegt, desto größer ist sein Bedarf an Luft nach dem Öffnen. Ältere Rotweine sollten daher in jedem Fall dekantiert werden. Sie entfalten sich im Dekanter etwa nach einer Stunde. Auch die altersbedingte Bindung von Farb- und Gerbstoffen führt dazu, dass sich ein Depot, das heißt eine Ablagerung auf dem Flaschenboden, absetzt. Das Dekantieren verhindert auch, dass Depot ins Glas gelangt.

Geschmacksrichtungen von trocken bis süß

Auch durchgegorener Wein enthält immer etwas Restzucker.
4 bis 5 Gramm Restzucker schmeckt man noch nicht, sie runden den Wein aber dennoch ab.
Nach dem Weingesetz sind die Geschmacksrichtungen wie folgt geregelt:

- Trocken max. 9 g/l Restzucker
  Einschränkung: höchstens 2 g/l mehr als die Säure
  Beispiel: bei 6 g/l Säure liegt die Restzuckergrenze bei 8 g/l
- Halbtrocken über trocken max. 18 g/l Restzucker
  Einschränkung: höchstens 10 g/l mehr als die Säure
  Beispiel: bei 7 g/l Säure liegt die Restzuckergrenze bei 17g/l
- Lieblich über halbtrocken bis max. 45 g/l
- Süß über 45 g/l

Wie hoch sollte ein Weinglas maximal gefüllt sein?

Das Glas sollte maximal zu einem Viertel gefüllt sein, weil der geübte Weintrinker seinen Wein schwenken möchte. Der Wein öffnet sich und gibt seine Düfte frei. »Der Wein hat eine tolle Viskosität«, hört man oft sagen, gemeint ist damit seine Zähflüssigkeit. Sie drückt sich in den sogenannten Kirchenfenstern aus, die sich nach dem Schwenken an der Innenseite des Glases bilden. Verantwortlich dafür ist der Zuckeralkohol. Eine erste optische Einschätzung über die Weinqualität ist gemacht. Über die Nase nehmen wir die verschiedenen Aromen wahr. Jetzt erst wird der Wein verkostet, aber schon bei den voran gegangenen Prüfungen haben wir entschieden, ob uns der Wein schmeckt. Im Mund testen wir, ob der Wein süß, sauer, bitter oder salzig schmeckt. Alles in allem ist der Wein gut, wenn er *umami* ist, das japanische Wort für wohlschmeckend.

In der Gastronomie werden häufig zu volle Weingläser gereicht. Das Schwenken des Weins wird so unmöglich. Die Karaffe ist folglich die Alternative für eine individuelle Glasfüllung. Dem Grundsatz folgend »Die Form folgt der Funktion« haben die Glasmanufakturen drei Grundtypen entwickelt. Ein großes Rotweinglas, ein etwas kleineres Weißweinglas und das kleine Dessertweinglas. Weingläser müssen neutral riechen. Die Reinigung sollte mit klarem Wasser erfolgen. Spülmittel beeinflussen den Geschmacks- und Geruchssinn. Nur demjenigen, der den Ahrwein im richtigen Glas verkostet, offenbart sich die Seele hiesiger Winzer und Kellermeister.

Was unsere Trauben sonst noch liefern

Spätburgunder in der Vergleichsprobe

Wir haben unsere Kellerführung mit der Vinifizierung der Trauben zum Wein abgeschlossen. Aber damit sind wir noch nicht am Ende. Schließlich kann man aus Trauben und Wein noch viel mehr machen. Also dann, lassen wir es schäumen, prickeln und brennen.

Prickelndes

In keinem anderen Land der Welt wird mehr Schaumwein getrunken als in Deutschland. Über 400 Millionen Sektkorken knallen jedes Jahr in unserer Republik. Von dem Pro-Kopf-Verbrauch von 24 Litern Wein und Sekt pro Jahr entfallen rund 4 Liter auf den Sekt. Natürlich ist der Sektmarkt hart umkämpft. Ob Sekt preiswert oder teuer ist, entscheidet die Qualität der Grundweine und das Herstellungsverfahren. Hier zuerst die preiswerte Variante.

Tankgärverfahren

Der Lebensmitteleinzelhandel bietet in der Preisklasse von vier bis fünf Euro Markensekte an, in deren Preis die Sektsteuer von 1,02 Euro je 0,75 Liter bereits enthalten ist. Dahinter stehen wenige große Firmen, die mit etwa 10 Markensekten fast 90 Prozent des deutschen Sektangebots stellen. Ausgangsprodukt sind einfache, meist ausländische Grundweine, die möglichst unter 50 Cent pro Liter eingekauft werden. Diese Grundweine werden in der zweiten Gärung in riesigen Drucktanks zu Sekt veredelt. Die Hefen werden herausgefiltert. Die Abfüllung erfolgt isobarisch, das heißt im Gegendruckverfahren. Das Endprodukt darf sich Markensekt nennen, was angesichts der Mindeststandards dieser Produktion eher schmeichelhaft ist.

Ganz anders ist das beim „Deutschen Qualitätssekt", der unter dem Begriff „Winzersekt" zu den Premiumprodukten unter den deutschen Sekten zählt. Seine Herstellung ist in der Schaumweinverordnung der EU genau geregelt und mit hohen Anforderungen definiert. Hier muss der Grundwein aus selbsterzeugten Trauben im eigenen Betrieb hergestellt und im traditionellen Flaschengärverfahren versektet werden. Deutscher Qualitätssekt wird nach dem Fünf-Punkte Schema der Deutschen Landwirtschaftsgesellschaft, DLG, ähnlich dem Wein, amtlich geprüft. Achten Sie auf die amtliche Prüfnummer.

Traditionelle Flaschengärung

Entdeckt hat das traditionelle Flaschengärverfahren ein frommer Benediktinermönch namens Dom Perignon (1638–1715). Eigentlich wurde es ihm geschenkt und natürlich hatte Gott die Hand im Spiel, auch wenn man heute lieber vom Zufall spricht. Wie die Fama sagt, soll Dom Perignon in seinem Kloster in Hautvillers in der Champagne, im guten Glauben, die Gärung sei

Rüttelpult

beendet, einen Wein abgefüllt haben. Wegen anhaltender Kälte hatten die Hefen aber nur eine Pause eingelegt. Bei aufkommender Wärme nahmen sie ihre Arbeit wieder auf. Die Korken schossen durch den Keller, viele Flaschen platzten gleich ganz. Der arme Dom Perignon war entsetzt, aber als er den Wein probierte, wich sein Entsetzen höchster Verzückung. „Kommt schnell, ich trinke Sterne“, soll er gerufen haben. Kann man den Genuss von Champagner schöner auf den Punkt bringen ?

Ende des 18. Jahrhunderts wanderte eine Reihe deutscher Unternehmer in die Champagne aus und gründete dort Champagnerhäuser. Anfang des 19. Jahrhunderts erreichte die Produktionsmethode die linksrheinischen, von 1794 bis 1814 zu Frankreich gehörenden Gebiete und verbreitete sich von dort in allen deutschen Weinanbaugebiete. Nach 1814 gingen deutsche Studenten nach Frankreich, um dort das Fach Gärungschemie zu studieren. Die Kenntnisse über die chemischen Zusammenhänge bei der Weinbereitung wurden um die „Kunst moussierenden Champagner-Wein am Rhein zu bereiten“ erweitert. Wie wir bereits wissen, ließ der Absatz von Rotwein an der Ahr zu dieser Zeit zu wünschen übrig. Dem half der Weinhändler und Deinhard-Teilhaber Carl Tesche zu Koblenz wenigstens teilweise ab, indem er Bodendorfer Spätburgundertrauben als Grundwein zur Champagnerherstellung verwendete. Da er familiär mit der Champagne verbandelt war, kannte er sich mit dem Verfahren aus. 1836 kam der erste weiße „Ahr-Champagner“ in den Handel.

Im Friedensvertrag von Versailles, 1919, wurde Deutschland verpflichtet, auf die Bezeichnung „Champagner" zu verzichten. Der deutsche Sekt wurde 1925 gesetzlich geschützt. Hochwertige deutsche Sekte werden seitdem mit dem Zusatz „méthode champenoise" vermarktet. Das gilt auch für den Winzersekt. Nur knapp 10 Prozent aller Sekte werden aus deutschen Grundweinen hergestellt. Dadurch hat sich dem Winzersekt, als Sekt bestimmter Anbaugebiete, abgekürzt Sekt b.A., mit einem Alleinstellungsmerkmal eine Marktnische geöffnet. Die Winzergenossenschaften und fast alle Weingüter an der Ahr stellen ihren Grundwein selber her. Die Sektherstellung übernehmen drei im Gebiet ansässige, auf die Herstellung spezialisierte Betriebe. Der fertige Sekt geht zur Vermarktung wieder in die Genossenschaften und Weinbaubetriebe zurück.

Winzersekt wird durch eine zweite Vergärung in einer druckbeständigen Flasche hergestellt. Der Grundwein, sortenrein oder als Cuvée, wird mit einem Zuckerzusatz von 20 bis 25 Gramm je Liter und Reinzuchthefe, der Dosage oder Tirage, aufbereitet. Dann wird die Flasche mit einem Kronkorken verschlossen. Die Hefe erzeugt durch die zweite Gärung etwas Alkohol und vor allem Kohlensäure von 4 bis 6 bar, die nicht entweichen kann. Kühl gelagert dauert die Gärung zwischen drei Wochen und drei Monaten. Danach werden die Flaschen mindestens neun Monate waagerecht gelagert, was bewirkt, das sich die Hefe auf den unteren Flaschenrand absetzt. Je länger die Lagerzeit andauert, desto feiner und aromatischer wird der Sekt. Die abgestorbene Hefe löst einen enzymatischen Zersetzungsprozess aus, die sogenannte Autolyse, was im Zusammenspiel mit den Aromen zu interessanten Geschmacksnuancen führt. Außerdem verfeinern sich die Bläschen, die Perlage. Am Ende der Lagerzeit muss die Hefe entfernt werden. Hierzu wird die Flasche unter ständiger Drehung und Neigung auf sogenannten Rüttelpulten in die Senkrechte gebracht. Nach 21 Tagen sammelt sich die Hefe an der Flaschenmündung. Jetzt erfolgt das sogenannte Degorgieren: die Flaschenmündung wird in einer Kühlsole vereist, der Kronkorken entfernt und durch den Überdruck schießt die Hefe nach außen. Es entsteht ein Leerraum, der durch Zugabe von Wein und gelöstem Zucker aufgefüllt wird. Erst dadurch erhält der Sekt seinen endgültigen Geschmack. Die Flasche wird mit einem Korken verschlossen, der mit einem Drahtbügel, der Agraffe, gesichert wird. Der Flascheninnendruck muss mindestens 3,5 bar, der Alkoholgehalt mindestens 10 Volumenprozent betragen. Moderne Betriebe setzen beim Rütteln, Enthefen und Verkorken vollautomatische Fülllinien ein.

Transvasierverfahren

Das Transvasierverfahren ist eine Variante der traditionellen Methode. Es ist ebenfalls eine Flaschengärung, die auch als solche vermarktet wird. Der Unterschied zum traditionellen Verfahren ist, dass die Flaschen nach der Lagerung in Drucktanks geleert werden und der Sekt auch dort egalisiert wird. Die Hefe wird herausgefiltert. Die Geschmacksrichtung wird mit Zuckerlösung im Tank hergestellt.

Geschmacksrichtungen

Wie beim Wein unterscheiden sich verschiedene Geschmacksrichtungen je nach dem Restzuckergehalt in Gramm je Liter (g/l).
Da die Kohlensäure den Süßeindruck stark herabsetzt, sind die unterschiedlichen Restzuckergehalte höher als beim Wein.

Perlwein

Kommen wir jetzt zur letzten Variante der prickelnden Weine, dem Perlwein. Der erste Perlwein wurde in Deutschland in den 1970er Jahren unter der Bezeichnung Kellergeister von einer großen Moselkellerei auf den Markt gebracht. Für die Fernsehwerbung wurde kein geringerer als Wolfgang Amadeus Mozart bemüht. Der Wein hatte ein heftiges, aber kurzes Hoch und verschwand dann vom Markt. Heute ist Perlwein in seiner italienischen Variante als Frizzante wieder in aller Munde. Auch die italienischen Stillweine aus Venetien und Friaul-Julisch Venetien haben ihre Fans. In Deutschland wurde der Name auf die Kurzbezeichnung Secco, ggf. mit Zusätzen, wie zum Beispiel Maracuja Secco, reduziert. Im Gegensatz zum Sekt wird die meist industriell

0 – 3 g/l	naturherb (brut nature)
0 – 6 g/l	extra herb (extra brut)
6 – 12 g/l	herb (brut)
12 – 17 g/l	extra trocken (extra dry)
17 – 32 g/l	trocken (dry)
32 – 50 g/l	halbtrocken (medium dry)
über 50 g/l	mild (sweet)

hergestellte Kohlensäure dem fertigen Wein zugesetzt. Das moussierende Getränk ist eine preiswerte Alternative, weil er nicht mit der Sektsteuer belegt ist. Der Flascheninnendruck beträgt nur 1 bis 2,5 bar. Alle Flaschen haben einen Drehverschluss. Bei den Winzergenossenschaften und Weingütern der Ahr kommt der Secco meistens als zugekaufte Ware in den Verkauf. Und dann ist da noch der Prosecco, allerdings ein Sekt, italienisch Spumante, mit geschützter Herkunftsbezeichnung. Ein vergleichbarer Perlwein ist der Frizzante.

Mit was auch immer sie auf das Neue Jahr anstoßen.
Egal, ob preiswert oder teuer - tun sie es Dom Perignon gleich.
Trinken Sie Sterne!

Hochprozentiges

Aus Trauben kann man mehr machen als Wein und Sekt. Eine Traube besteht nur zu 78 Prozent aus Saft, die restlichen 22 Prozent entfallen auf Stiele, Beerenschale, Kerne und ausgepresstes Beerenfleisch. Abfall? Mitnichten! Dazu kommen noch Hefen und Trubstoffe, die sich während der Reifung im Fass oder Tank ablagern. Alles wertvolle Rückstände der Weinproduktion, die zu dem begehrten Ahr-Trester und Ahr-Hefebrand weiterverarbeitet werden. Aber auch die Industrie ist an den Rückständen interessiert. So zählt die Pharmazie den Weinstein zu ihrem Küfergold. Aus Rotweintrester lassen sich Farbstoffe extrahieren, die als Konzentrat oder Pulver als älteste Lebensmittelfarbe gelten. Traubenkernöl enthält bis zu 96 Prozent ungesättigte Fettsäuren, ist reich an Vitamin E und ein gesundes, nachgefragtes Nahrungsmittel.

Bevor ich zum Brennverfahren von Ahr-Trester und Ahr-Hefe komme, gestatten Sie mir noch zwei Geschichten zum Thema. Sie sind genauso passiert, wie ich sie hier erzähle:
Zu jeder Winzergenossenschaft und jedem Winzerbetrieb gehörte früher eine Brennerei. Die Winzer hatten das Brennrecht und nannten sich beim Betreten des Raumes Brennmeister. Es herrschte das staatliche Branntweinmonopol. Die anfallende Branntweinsteuer wurde durch den preußischen, später deutschen Zoll, eingezogen. Nach Anmeldung der Destillation kam der Zöllner in die Brennerei und versiegelte alle Ausgänge der Brennblase. Im Vorstandsprotokoll des Ahrweiler Winzer-Vereins von 1899 wird der Besuch des Zöllners

wie folgt wiedergegeben. Der königlich preußische Beamte kam hoch zu Ross vor der Winzergenossenschaft an, wo er in aller Ehrerbietung von den dort versammelten Vorstandsmitgliedern empfangen wurde. Man führte ihn in die Brennerei, wo es schon betörend roch. Dann lobte man die Ergiebigkeit des Brandes in den höchsten Tönen und bat schließlich zur Verkostung, selbstverständlich nur zwecks Qualitätsüberprüfung. Nach voll ausgekosteter Verkostung, also nach getaner Arbeit, musste dem Zöllner mit „mehreren Mann" aufs Pferd geholfen werden. Leider ohne Erfolg, denn die königlich preußische Staatsmacht fiel auf der anderen Seite wieder herunter. Wie die Sache am Ende ausging, lassen die Aufzeichnungen leider offen.

In den 1950er Jahren kam der Zöllner mit dem Motorrad, die Akten im Beiwagen. Wenn er ins Dorf fuhr, setzten wir Kinder den „Straßenfunk" in Gang. Dann herrschte bei den Brennmeistern Alarm. In typisch rheinischer Mentalität war man zwar streng gesetzestreu, aber man musste natürlich auch sehen, wo man blieb. Um den Trester ergiebiger zu machen, setzte man rund 25 Prozent Wasser zu. Das war erlaubt. Nicht immer, aber oft genug wurde das Wasser mit Zucker angereichert. Das war nicht erlaubt und stand als Schwarzbrennerei unter Höchststrafe. Aber wie heißt es so schön: Et es noch emme jot jejange. Naja, wenigstens fast immer.

Aus Unwissenheit war meine Mutter nach dem Tod meines Vaters in diese Falle getappt. Als der Feinbrand unglaubwürdig hohe Alkoholwerte aufwies, übertrug mir, 13jährig, der Brennmeister die Aufsicht und war für mindestens zwei Stunden verschwunden. Gott sei Dank kam der Zöllner erst am späten Nachmittag und hatte an der Destillation nichts zu beanstanden. Die „steuerfreie Überproduktion" befand sich in einem zweiten Fässchen, versteckt um die Ecke. Glück gehabt. Heute wird anhand der angemeldeten Destillationen die durchschnittliche Alkoholmenge genau bestimmt und dient als Grundlage für die Brandweinsteuer.

Weintresterbranntweine

Der Ahr-Trester ist mit dem Grappa in Italien und der Schweiz und mit dem Marc in Frankreich und Spanien identisch. Im Mittelalter ein Arme-Leute-Getränk, zählt er heute zu den begehrten Spitzen-Spirituosen. Ein Schicksal, das er sich zum Beispiel mit Kaviar und Flußkrebsen teilt. Könnte schlimmer sein, oder ?

Trester kann man aus allen Rebsorten machen. Aber es gibt Qualitätsunterschiede. Aromatische Spätburgunder mit reifen Trauben und hohem Mostgewicht sind immer für einen Trester in höchster Qualität gut. Nach der Gärung und Abpressung der Maische lagert der Trester in möglichst luftdichten Behältern, denn er zieht Essig- und Fruchtfliegen magisch an. Zur weiteren Gärung gibt man Wasser zu, wodurch die spätere Destillation optimiert wird. Die Destillation ist zweistufig. Der Rohbrand in der ersten Stufe liefert etwa 40 Vol.% Alkohol. In der zweiten Stufe, dem Feinbrand, werden Alkoholwerte von rund 60 Vol.% erreicht. Der Feinbrand teilt sich in Vor-, Mittel- und Nachlauf. Der Mittellauf enthält die wertvollen Aromen. Je 100 Kilogramm ergeben fünf bis acht Liter Branntwein. Die Rückverdünnung auf ca. 43 Vol.% erfolgt durch enthärtetes reinstes Wasser. Früher stand in jedem Haushalt an der Ahr eine Flasche Vorlauf, zur rein äußerlichen Anwendungen bei Glieder- und Gelenkschmerzen, Verstauchungen und Rücken. Das er auch innerlich angewendet worden sein soll, ist natürlich nur ein bösartiges Gerücht.

Am Ende des Brennvorgangs bleibt immer noch eine braune Masse zurück, der Treber. Er enthält noch reichlich Vitamine und Kohlehydrate und wäre für die Futtermittelindustrie interessant. Bei den minimalen Rückständen an der Ahr lohnt das nicht, sie werden daher als Dünger im Weinberg verwendet. Sie sehen, ein perfekter Kreislauf.

Weinhefebranntweine

Weinhefebranntweine werden durch die Destillation des Hefetrubs gewonnen. Wenn die alkoholische Gärung des Weins beendet ist, setzen sich die Hefen auf den Fassboden ab. Beim Umpumpen bleiben sie zurück und werden den Fässern entnommen. Die Winzer nennen diesen Vorgang Abstich. Die Güte des Hefebrandes hängt von der Traubensorte, der Weinqualität und dem Hefezustand ab. Hefebrände enthalten im Gegensatz zu Tresterbränden Weinhefeöl, das ihnen den typischen, an Cognac erinnernden Geschmack verleiht. Das Verfahren ist zweistufig und vergleichbar mit dem Brand beim Trester. Feinbrände bringen es oft auf einen Alkoholgehalt von 80 bis 90 Vol.%. Wie beim Trester wird er an der Ahr mit 43 Vol.% in den Verkehr gebracht. Die Rückführung auf Trinkstärke erfolgt über reinstes, enthärtetes Wasser.

Tresterbrand

Lagerung

Frisch abgefüllt schmecken diese Edelbrände scharf und kratzig, mit harten, spitzen Aromen. In ein paar Jahren Lagerung verwandeln sie sich in weiche, runde Spitzenbrände mit überraschend vielfältigen Aroma- und Geschmacksvariationen. Zudem nimmt das Destillat einen bernsteinähnlichen Farbton an. Aber Vorsicht: Alles was alt aussieht, muss nicht alt zu sein. Das Lebensmittelrecht erlaubt den Zusatz von Zuckercouleur. Vor allem bei Spirituosen im Supermarkt kann man seinen Augen oft nicht trauen. In der Winzergenossenschaft und im Weingut fragen Sie nach. Sie werden eine ehrliche Antwort bekommen.

Herbststimmung im Recher Herrenberg

47
46

Rotwein reift im Eichenholz - Fuderfässer (je 1.000 Liter) im alten Kellergewölbe

Wein im Blickpunkt der Medizin

Eine Einführung von Dr. med. Gerhard Kreuter

Dr. med. Gerhard Kreuter im Gesprächskreis Ahrwein

Wein im Spannungsfeld öffentlicher Meinungen

Wein enthält Alkohol – und Alkohol ist ein Reizwort für bestimmte Bundesbürger, Ärzte, Politiker und Journalisten. Jedes alkoholische Getränk ohne Unterschied – auch der Wein – ist für diese Personen Gift – und dies wird immer wieder und undifferenziert lautstark durch die Medien verbreitet. So verunsicherte alle Weinfreunde und Winzer eine Pressekampagne – Bild, Spiegel, Rhein-Zeitung, Deutsches Ärzteblatt u.a., die sich auf einen Artikel in dem englischen Medizinjournal The Lancet berief. Hiernach sollten auch moderate Weinmengen das Leben verkürzen. Der unabhängige Wissenschaftliche Beirat der Deutschen Weinakademie, der auch andere seriöse Wissenschaftler, insbesondere Statistiker zu Rate zog, stellte fest, dass Ansatz, Auswertung und Schlussfolgerungen dieser „Studie“ nicht korrekt waren.

Mehrere Millionen Daten aus zahlreichen, wissenschaftlich seriösen und anerkannten Studien[1)] aus aller Welt beweisen, dass moderater Weingenuss gesundheitlich positive Wirkungen der verschiedensten Art hat. Dauernder übermässiger Alkohol – und damit auch Weingenuss – verursacht zahlreiche Erkrankungen. Ebenso gelten als Anzeige gegen Alkohol jeder Art: Schwangerschaft und Stillen, im Straßenverkehr, bei Kindern, bei bestimmten Erkrankungen und Einnahmen bestimmter Medikamente – hier ist der behandelnde Arzt zu befragen.

Der Weinwirtschaft ist es gesetzlich verboten, mit den gesundheitlich positiven Wirkungen des Weins zu werben, die oft schon über Jahrtausende im Volk bekannt waren, bevor die Wissenschaft sie entdeckte. Der europäische Weinsektor ist 2011 mit der Aktion WINE in MODERATION eine Verpflichtung gegenüber der EU-Kommission eingegangen, die Einhaltung bereits bestehender und gut funktionierender Werberegeln intensiv zu unterstützen. Im Gegenzug sollten weitere Werbeverbote nicht erfolgen. Wine in Moderation ist inzwischen weltweit in den Wein anbauenden Ländern akzeptiert.

Im Übrigen gilt immer noch die 450 Jahre alte Regel des berühmtesten Arztes des Mittelalters Paracelsus:

Jedes Ding kann Gift sein;
allein die Menge machts,
dass ein Ding kein Gift ist.

Die Wirkung des Weines bei moderatem Genuss

Die ersten Funde über Weinbereitung finden sich in Mesopotamien und im Iran aus dem 6. Jahrtausend v.Chr. Ägypter, Griechen und Römer setzten ihn als Heilmittel bei zahlreichen Krankheiten und zur geistigen Anregung und Freude ein. In der Bibel wird die Anwendung von Wein in der Heilkunst zum innerlichen Gebrauch und für die Wundbehandlung an mehr als 450 Stellen angeführt. Beispiele: Der barmherzige Samariter: „Er goss Öl und Wein in die Wunden", Paulus im 1. Brief an Timotheus: „Trinke ein wenig Wein, weil Du so oft krank bist". In der Folge gehörte, insbesondere auch im Mittelalter, die Weintherapie bis zur Mitte des 19. Jahrhunderts zum Standardrepertoire der Ärzte und Heilkundigen. Wein war ein unverzichtbarer Bestandteil ihrer Therapie.

Im Volk hieß es beispielsweise an der Ahr: „Gegen alle Kränk und Pest ist der Rote Wein das Best". Seitdem verlor der Wein jedoch durch die rasante Entwicklung der modernen Medizin und immer besserer Medikamente als Heilmittel an Bedeutung. Erst in den letzten Jahrzehnten erkennen wir in aller Welt aufgrund zahlreicher wissenschaftlicher Untersuchungen, wie richtig das uralte Wissen von der Heilkraft des Weines war und ist.
Wein – nicht täglich aber regelmäßig und maßvoll genossen – ist ein freudebringendes, lebensbejahendes und entspannendes, gesundheitsförderndes und damit lebensverlängerndes Getränk.

Hippokrates von Kos, 460-370 v. Ch. (Abb. links) Der Wein ist ein Ding, in wunderbarer Weise für den Menschen geeignet, vorausgesetzt, dass er bei guter und schlechter Gesundheit sinnvoll und im rechten Maß verwendet wird.

Hl. Rochuns v. Montpellier (1295-1327) (Abb. rechts) Fassaufschritt in der WZG Mayschoß-Altenahr

Vorstehendes gilt allerdings nur für den moderaten Weingenuss
Dauernder übermäßiger Genuss schädigt sämtliche Körperorgane!

Moderater Weingenuss

Frauen

bis zu 2 Trinkeinheiten (20 g) pro Tag/Anlass

= ca. 0,2 – 0,3 l Wein

= 1 – 2 Gläser Wein/Sekt

Männer

bis zu 3 Trinkeinheiten (30 g) pro Tag/Anlass

= ca. 0,3 – 0,4 l Wein

= 2 – 3 Gläser Wein/Sekt

Für alle: nicht mehr als 4 Trinkeinheiten (40 g) bei einem Trinkanlass.

Wineinmoderation-Leitfaden

Die gesundheitlich positive Wirkung des Weines hat ihre Ursache darin, dass er weit mehr bedeutet als der darin enthaltene Alkohol. Bis heute sind zahlreichen, z.T. gesundheitlich wertvolle Substanzen im Wein entdeckt worden. In den letzten Jahrzehnten haben Wissenschaftler aus aller Welt in zahlreichen Studien an Millionen Menschen bewiesen: Regelmäßiger und maßvoller Weingenuss beugt der Gefäßverkalkung (Arteriosklerose) vor und vermindert die hierdurch verursachten Herzinfarkte und Schlaganfälle um ca. 20 %, den Haupttodesursachen in Deutschland, an denen fast die Hälfte aller Menschen bei uns sterben. Der Wein schützt aber auch vor Diabetes Typ 2, Alzheimer-Erkrankung, Rheuma und anderen Leiden.

Dies hat seine Ursache in der im Wein einmaligen Konstellation: Alkohol und Polyphenole

Die Polyphenole sind organische Verbindungen, zu denen insbesondere die Gerb- und Farbstoffe gehören und von denen im Wein inzwischen mehr als 100 nachgewiesen sind, darunter Querzetin, Katechine, Tannine und Resveratrol. Sie gehören zum Immunsystem der Rebe. Sie zählen zur Gruppe der Antioxydantien, ihre Wirkung ist vergleichbar mit Vitamin E, C, Selen und Carotin. Sie schützen unsere Milliarden Körperzellen vor der Zerstörung durch aggressive „freie Radikale“ (Abb.10. nächste Seite).

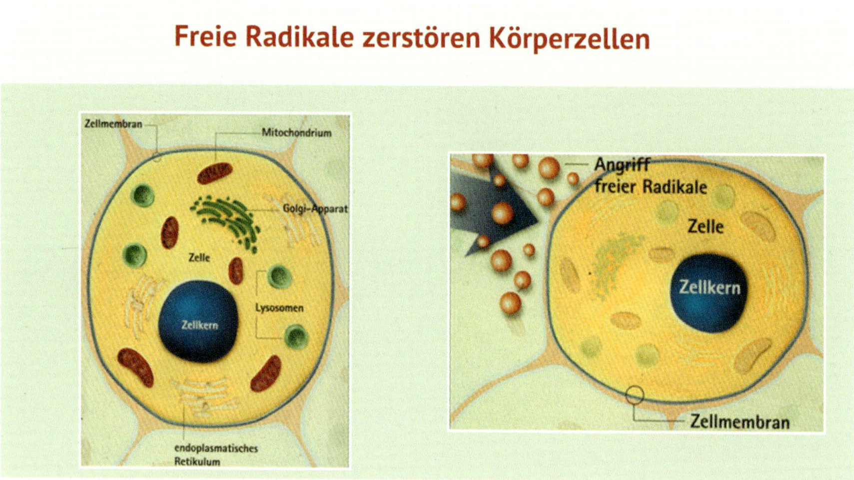

Abb. 10

Antioxidantien im Wein

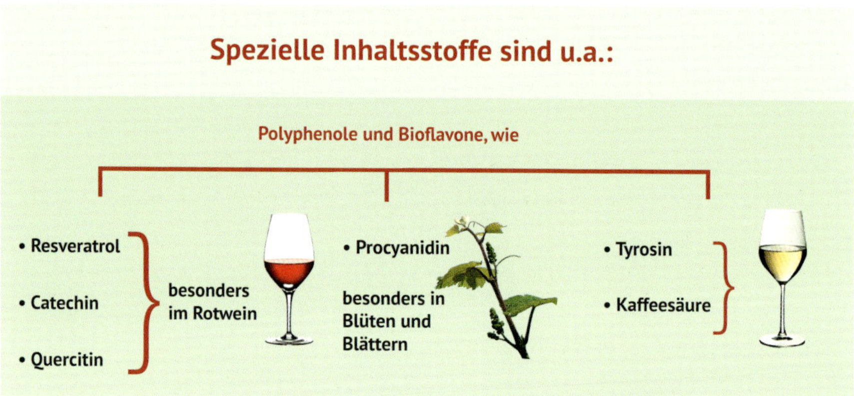

Abb. 11

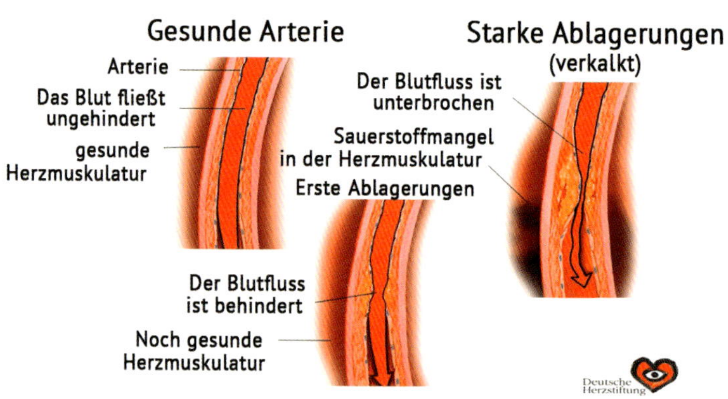

Abb. 12

Besondere Beachtung findet in der Forschung das Resveratrol, das „Wundermittel aus der Traube" (Die Welt). Es wirkt stark antioxydativ, antientzündlich, krebshemmend, antidiabetisch und hat eine Anti-Aging-Wirkung (z.T. Zell- z. T. Tierversuche). Bei den Weinen ist es allerdings in wirkungsvoller Menge nur im Rotwein enthalten, der Weißwein hat andere wertvolle Phenole (Abb. 11).

Die gefäßschützende Wirkung entfalten bei – moderatem Weingenuss – der Alkohol und die nur im Wein enthaltenen Polyphenole gemeinsam: Sie verbessern das Blutfettprofil, indem sie das gute HDL-Cholesterin steigern und das schlechte LDL-Cholesterin senken. Sie verflüssigen das Blut und beugen der Gerinnsel Bildung in den Gefäßen vor, verhindern somit Gefäßverschlüsse in Herz und Gehirn, die zu Herzinfarkt bzw. Schlaganfall führen.

Wein schützt das Endothel der Arterien, die Gefäßinnenhaut, die bei der Entstehung bzw. Verhinderung von Gefäßschäden eine zentrale Rolle spielt. (Abb. 12)

Weiterhin kommt es zur Erweiterung der Gefäße im Körper, insbesondere im Herzen und im Gehirn!

Große weltweite Studien zeigen, dass moderate Weintrinker 20 % bis 25 % weniger Herzinfarkte erleiden als Abstinenzler. (Abb.13 u. 14)

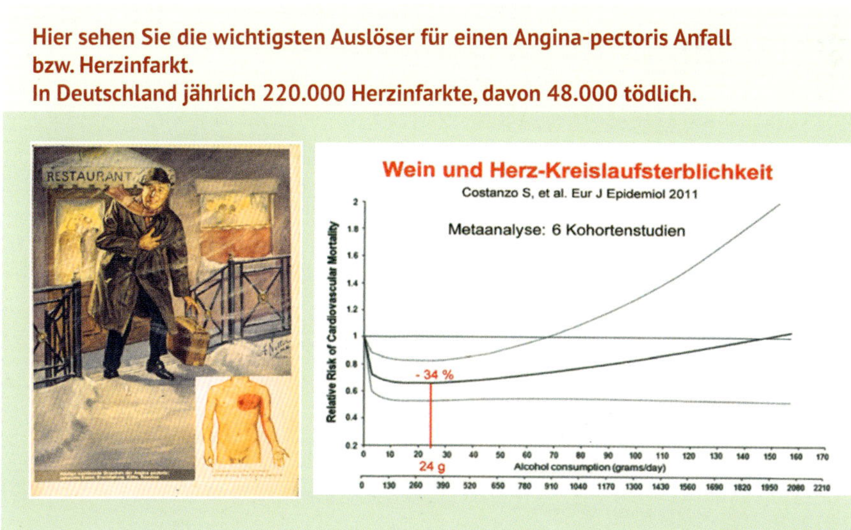

Abb. 13 (li)
Abb.14 (re)

Deutsche Alzheimer Gesellschaft (2019)

„In Deutschland leben gegenwärtig ca. 1,2 Millionen Demenzkranke; zwei Drittel sind von der Alzheimer-Krankheit betroffen. Jahr für Jahr treten fast 200 000 Neuerkrankungen auf...

Sofern kein Druchbruch in Prävention und Therapie geling, wird sich nach Vorausberechnung der Bevölkerungsentwicklung die Krankenzahl bis zum Jahr 2050 auf etwa 2 bis 3 Millionen erhöhen".

Abb. 15

Wein und Gehirn

So sehr übermäßiger Alkoholgenuss unser Gehirn schädigt, so sehr beugt mäßiger Weingenuss, gerade im Alter, Gehirnerkrankungen vor. Durch die Zunahme der Hirndurchblutung kommt es zu einer Verbesserung der Nährstoff- und Sauerstoffversorgung im Gehirn. Altersbedingter Abbau wird gebremst, die geistige Leistungsfähigkeit erhöht. Auch Altersdepressionen wird vorgebeugt, zumal ein gutes Glas Wein gerade auch beim älteren und betagten Menschen die Kontaktfreude und -fähigkeit fördert. Hier liegt die Ursache darin, dass Wein die Konzentration unseres Wohlfühlhormons Serotonin im Gehirn anhebt, besonders bei Genuss gegen Abend („Dämmerschoppen"). Eine Reihe von Studien aus aller Welt, auch aus Deutschland, zeigen, dass mäßiger Weinkonsum vor der Alzheimer-Krankheit und anderen Formen von Altersdemenz schützen kann (Abb. 15 u. 16).

Auch wenn es bisher keine Heilung gibt, soll jeder von uns Vorbeugung betreiben: Gesunde Ernährung, körperlich und geistig auch im Alter aktiv bleiben, strukturierter Tagesablauf, regelmäßige ärztliche Kontrolle. (Abb.17). Eine neue Untersuchung an mehr als 1 Million Menschen aus China, verschiedenen europäischen Staaten und den USA von 1991 bis 2014 hat gezeigt, dass moderate Weintrinker 20% weniger Schlaganfälle erlitten als Abstinenzler. Wer aber regelmäßig mehr als 50 g Alkohol täglich trank (½ l Wein oder mehr), der hatte ein um 25% erhöhtes Risiko!

Alkoholkonsum und Demenzrisiko in Abhängigkeit von Präferenz des alkoholischen Getränks

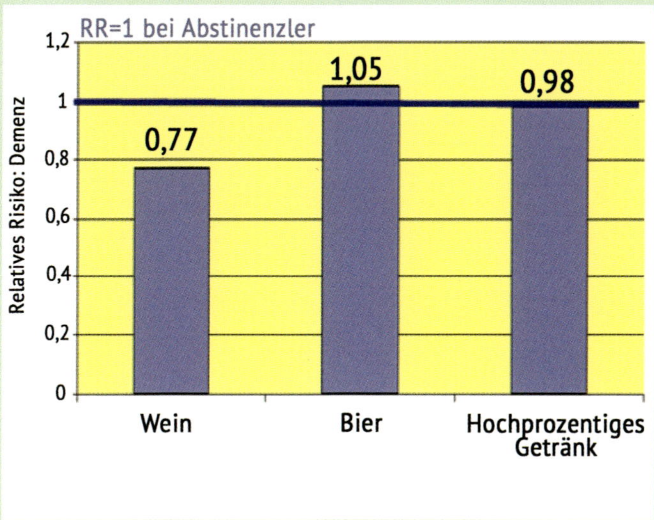

Quelle: Edward J Neafsey, Michael Collins (2011): Moderate alcohol consumption and cognitive risk, Neurophysiatric Disease and Treatment 7 465-484

Abb. 16

Was verhindert Altersdemenz?

- Gesunde Ernährung „mediterrane Kost"
- Geistig und körperlich aktives Leben
- Vermeidung bzw. Behandlung der „Risikofaktoren"
- Verheiratet sein – feste Partnerschaft
- Hobbys pflegen wie Reisen, Gartenarbeit etc.
- Geregelter Tagesablauf
- Disziplin und Pflichtgefühl
- **2 bis 3 Gläschen Wein am Tag trinken!**

Abb. 17

Wein und Verdauungsorgane

Der Wein wirkt positiv auf die Verdauungsorgane: Weingenuss zum Essen regt die Tätigkeit sämtlicher Verdauungsdrüsen an, erhöht die Darmaktivität und verbessert die Aufnahme wichtiger Nahrungsstoffe, Mineralien und Vitamine in den Körper. Der beim älteren Menschen oft gestörte Appetit wird angeregt, das Geschmackserlebnis intensiver. Zudem schützt der Weingenuss vor Darminfekten, so erlaubte Caesar seinen Soldaten beim Feldzug gegen Gallier und Germanen in unserer Region am Rhein täglich 1 Liter Wein, da das Wasser verschmutzt und infektiös war.

Darmflora-Mikrobiom

Im menschlichen Darm – Dickdarm – leben 10 bis 100 Billionen von Mikroorganismen, vorwiegend anaerobe Bakterien. Die Gesamtheit dieser Mikroorganismen – bis zu 36 000 Arten und 1 000 bis 2 000 g wiegend – heißt „Darmflora", da man früher glaubte, sie seien pflanzlich, was nicht stimmt.
Heute spricht man von „Mikroorganismen-Gemeinschaft".

Abb. 18

Neueste Forschungen zeigen, dass Wein unsere Darmflora, heute Mikrobiom genannt, positiv beeinflusst und weniger schädliche Produkte im Darm entstehen. Die Wirkung der Polyphenole wird verstärkt, da sie und ihre ebenfalls positiv wirkenden Spaltprodukte besser resorbiert werden. (Abb.18) Des Weiteren stärkt ein gesundes Mikrobiom unser Immunsystem, wie neueste Untersuchungen ergeben haben. Wichtig ist, dass auch genug Ballaststoffe gegessen werden. (vgl. später).

Auch das Risiko der Gallensteinbildung wird vermindert, wie gerade eine neu erschienene umfangreiche wiss. Studie zeigt.
Der Wein fördert die Entgiftung des Körpers durch die Nieren, der Harnfluss wird gesteigert, die Ausscheidung von Abfallprodukten erhöht, die Gefahr der Nierensteinbildung vermindert.

Einfluss von moderatem Weingenuss bei Diabetikern

Fazit der Studie

Der tägliche moderate Rotwein- und Weisweinkonsum verbessert bei Typ II Diabetikern die Endothel- und damit die Gefäßfunktion und erhöht die Zahl der endothelialen Progenitorzellen = Herz- und Gefäßschutzzellen!

Und vermindert so das kardiovaskuläre Risiko für Herzinfarkt, Schlaganfall und andere Gefäßverschlüsse.

Abb. 19

Wein und Erwachsenendiabetes

Diabetes mellitus Typ 2 („Zuckerkrankheit") früher „Alters-, heute Erwachsenendiabetes" ist nach Krebs und Demenz heute die gefürchtetste Erkrankung: ca. 7 Millionen Deutsche leiden daran, sie sind erhöht gefährdet für Herzinfarkt, Schlaganfall, Erblindung, Nierenversagen, Nervenentzündung, Beinamputation u. a. Gute diabetologische Betreuung und gesunder Lebensstil können vieles verhindern. Nach Rücksprache mit dem Arzt sollte man es jedoch Diabetikern vom Typ 2 erlauben, vielleicht sogar empfehlen, durch ein gutes Glas Wein zum Essen einerseits mehr Lebensfreude zu gewinnen. Andererseits, was wichtiger ist und wissenschaftlich vielfach nachgewiesen wurde, wird damit auch Herzinfarkt und Schlaganfall vorgebeugt, welche gerade beim Diabetiker gehäuft auftreten. Fast 80% aller Diabetiker sterben daran. Auch die anderen oben angeführten Komplikationen können vermindert werden.

Diabetes Typ und Organschäden

Deshalb wurde in den Jahren 2003/2004 die Diabetes-Ahrwein-Studie der Deutschen Weinakademie unter unserer Leitung durchgeführt, die erfreulich positive Ergebnisse erbracht hat.

Durch 6-wöchigen moderaten Rotweingenuss – täglich 300 ml Ahr – Spätburgunder – wurden bei 76 männlichen Diabetikern vom Typ 2 weder die Blutzuckerwerte noch die Leberwerte, der Blutdruck, der Puls, das Körpergewicht negativ beeinflusst – sie blieben - sämtlich konstant. Nach den 6 Wochen zeigten die Blutwerte, besonders HDL – Cholesterin und Fibrinogen jedoch ein signifikant vermindertes Risiko für Herzinfarkt oder Schlaganfall an. Nähere Einzelheiten beim Verfasser.

Eine von uns 2009 abgeschlossene neue Doppelstudie, die wir gemeinsam mit der Universitätsklinik Köln – Prof. Dr. Markus Flesch und Team – erarbeitet haben, hat erstmalig weltweit folgende Zusammenhänge nachgewiesen: Sowohl Rotwein als auch Weißwein – über 6 Wochen täglich 300 ml genossen – verbessern signifikant die Gefäßfunktion, steigern damit die Durchblutung und erhöhen im Blut die Zahl von neuen Gefäßstammzellen, die u. a. vor Herzinfarkt und Schlaganfall schützen.

Deshalb raten wir –falls keine Gegenanzeigen bestehen und wer das möchte – jedem Typ 2 Diabetiker des öfteren zum Essen 0,1 und/oder zum Abendessen 0,2 Liter trockenen Rot- oder Weißwein zu trinken.

Wir befinden uns beim Diabetes in alter Tradition: im jungen Heilbad Bad Neuenahr spielte seine Behandlung eine bedeutende Rolle, Bad Neuenahr wurde Ende des 19. Jahrhunderts zu einem der führenden Diabetes-Heilbäder in Europa. Säulen der Therapie waren Diät, das Neuenahrer Heilwasser, Bewegung – und der Ahrburgunder – es gab ja zu diesem Zeitpunkt keine medikamentöse Therapie, kein Insulin, keine oralen Antidiabetika. Beispielhaft sei hier der Artikel „Medizinalwein als Argument für die Erhaltung des Ahrweinbaus" von Dr. W. Kriege im Buch „Der Ahrweinbau " 1911 angeführt. Der ärztlich anerkannte Ahrrotwein sei bei einer Reihe von Krankheiten in kleinen Gaben vor allen anderen Rotweinen ein Heilfaktor, so bei Herzschwäche, Erschöpfungszuständen des Nervensystems, Stoffwechsel- und Infektionskrankheiten, Verdauungsstörungen, Appetitlosigkeit und Blutarmut. Besonders positiv sei der Einfluss auf den Diabetes, weshalb die zuckerkranken Kurgäste in Bad Neuenahr den Ahrrotwein verordnet bekämen. Hochinteressant ist, dass im 1. Lehrbuch über die Zuckerkrankheit überhaupt, verfasst von Carl von Noorden, in der 3. Auflage 1901 der „Ahrburgunder " den Diabetikern empfohlen wird.

Gesunder Lebensstil mit Wein

Frauen		Männer
200 – 250 ml	täglich oder 5-6 x die Woche	300 – 400 ml

+ vitalstoffreiche Vollwertkost

Viel Obst, Gemüse, Salate, ausreichend Eiweiß, Rapsöl/Olivenöl, 2 x wöchentlich Fisch, reichlich Ballaststoffe

= mediterrane Kost

+ ausreichend körperliche Bewegung

5-6 x 1/2 h pro Woche

- Senkung der Sterblichkeit an Herz-, Kreislauf-, Gefäßerkrankungen, besonders Herzinfarkt und Schlaganfall um 20 – 25 %!
- Schutz vor Demenz und Alzheimer!
- Schutz vor Diabetes Typ II und Folgen!

inhaltlich verantwortlich: Dr. med Gerhard Kreuter

Abb. 20

Weitere gesundheitlich positive Wirkungen des Weins

Wein verlangsamt die Knochenentkalkung im Alter und beugt so der vor allem für Frauen gefährlichen Osteoporose vor. Eine Reihe von Studien aus aller Welt – so aus USA, Schweden, Taiwan zeigen, dass verschiedene rheumatische Krankheitsbilder, insbesondere die Rheumatoide Arthritis und die so häufige Fibromyalgie, bei moderatem Weingenuss seltener auftreten bzw. bei bestehender Krankheit sich bessern. Meist sind Frauen betroffen. Die Forscher führen diese positiven Ergebnisse auf die wissenschaftlich eindeutig nachgewiesene antientzündliche Wirkung des Weines zurück. Der Stoffwechsel der Haut wird angeregt, die Wundheilung gefördert. Moderate Weintrinker haben oft bis ins Alter eine glatte Haut und wirken jugendlicher.

Nach entsprechenden Hinweisen in Tierversuchen laufen zurzeit wissenschaftliche Forschungen über positive Wirkungen von Rotwein bzw. Resveratrol auf die altersbedingte Maculadegeneration AMD des Auges, der häufigsten Ursache der Erblindung jenseits des 50. Lebensjahres. Für die häufigste Form der AMD, die „Trockene", gibt es bisher weder Prävention noch Therapie. Hier scheinen Resveratrol bzw. moderater Rotweingenuss (ca. ein Viertel täglich) erste Ansätze zu bieten. Weitere Forschungen sind angezeigt.

Diskutiert wird in der Wissenschaft der Zusammenhang zwischen Krebs und Alkoholgenuss. So sehr es unumstritten ist, dass Alkoholmissbrauch, insbesondere mit gleichzeitigem Rauchen zu einer deutlichen Zunahme bestimmter Krebsarten führt, so wenig kann dieses vom moderaten Weingenuss behauptet werden. Mehrere qualifizierte Studien zeigen, dass moderate Weintrinker seltener an Krebs erkranken als Nichttrinker. Hier spielen die Polyphenole, besonders Resveratrol, die entscheidende Rolle.

Soll der moderate Weingenuss die genannten positiven Wirkungen haben, gelten folgende Empfehlungen:
Vitalstoffreiche Vollwertkost mit viel Ballaststoffen kann auch mit hiesigen, regional und saisonal frischen Produkten weitgehend gestaltet werden. Ausreichend körperliche Bewegung, das heißt für Ältere ist schon 5- bis 6-mal eine halbe Stunde pro Woche ausreichend, z. B. Wandern, Radfahren, Schwimmen, Nordic Walking o. Ä. Was moderater Weingenuss bedeutet, hat unser erster Bundespräsident Theodor Heuss in seiner zugleich geistvollen wie auch humorvollen Art wie folgt treffend ausgedrückt:

„Wer Wein trinkt, betet
Wer Wein säuft, sündigt"

Beten – moderat trinken – heißt:
Für die Herren: 0,3 bis 0,4 l Wein am Tag.
Für die Damen: 0,2 bis 0,3 l Wein am Tag.
Dabei sollten aber auch 1-2 alkoholfreie Tage in der Woche eingelegt werden.
Sündigen heißt:
regelmäßig diese Mengen überschreiten: es drohen Leberleiden bis zur Zirrhose, hoher Blutdruck, Hirnblutung, verschiedene Krebsformen u.a..

Beim Weingenuss ist wichtig

Langsames und genussvolles Trinken während bzw. nach dem Essen, da durch die Speisen die Aufnahme des Alkohols in den Körper verzögert wird. Magenwand und Leber können so den zugeführten Alkohol gut abbauen, sodass keine hohen Blutspiegel erreicht werden, was auch durch gleichzeitiges Trinken von Mineralwasser erreicht wird. Zudem werden dadurch auch die so wertvollen Polyphenole über viele Stunden aufgenommen und entfalten ihre positiven Wirkungen.

Gesamtsterblickeit und Konsum alkoholischer Getränke – eine J-förmige Beziehung –

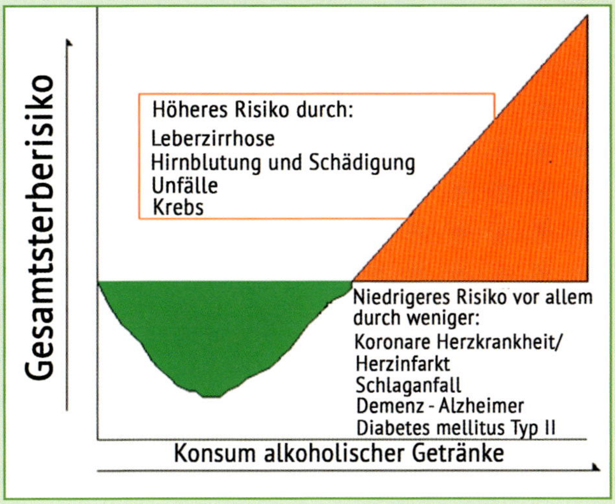

- Moderater Konsum ist mit einem niedrigeren Sterberisiko verbunden als Abstinenz
- Starker Konsum ist mit einem höheren Sterberisiido verbundenals Abstimenz

Abb. 21

Am besten verträglich ist der Wein am Spätnachmittag und Abend. Er kann dann seine entspannende Wirkung voll entfalten und helfen, die nervösen Belastungen des Tages besser zu verarbeiten. Hinzuweisen ist noch, dass säurereduzierte Weißweine und insbesondere unsere deutschen Rotweine bei empfindlichem Magen besser vertragen werden. Vom gesundheitlichen Standpunkt gibt es keine Unterschiede zwischen milden und trockenen Weinen, ausser bei Diabetikern. Weißweine haben ebenso wie Rotweine positive gesundheitliche Wirkungen. Prinzipiell sollte jeder den Wein trinken, der ihm schmeckt und bekommt.

Zusammenfassend kann man feststellen: Wein, mit Maß und unter den genannten Bedingungen genossen, entspannt, baut Stress ab, steigert Lebensgefühl und Zufriedenheit, erhöht Schaffensfreude, löst körperliche und seelische Missstimmungen, dient der Geselligkeit. Wein beugt gegen Arteriosklerose, Herzinfarkt, Schlaganfall, Diabetes mellitus Typ 2, Demenz und Alzheimer-Erkrankung, Rheuma und andere Leiden vor, vielleicht auch gegen manche Krebsformen und kann somit lebensverlängernd wirken.

Weiterführende Literatur:

BOBAN, MLADEN (2014): Weinphenole begünstigen die Darmflora: Wiss. Kongress „Ernährung 2014", 26. 6. 2014 Ludwigsburg

FLESCH, M u. a.: Weingenuss und Prävention der koronaren Herzkrankheit: Herz: 05.16

GEPNER, Y et al.(2015): Auswirkung moderaten Alkoholkonsums auf das kardiometabolische Risiko bei Typ 2 Diabetikern: Ann Intern Med. 2015: 569 f

KREUTER, GERHARD u.a.: Wein und Blutzucker: eine explorative Untersuchung bei Typ-2- Diabetikern: Diabetes, Stoffwechsel und Herz, 17, Nr. 6, 449 f.

KREUTER, GERHARD (1997): Wein und Gesundheit – Neue Erkenntnisse der medizinischen Forschung – In: Heimatjahrbuch Kreis Ahrweiler, S. 31 ff.

KREUTER, GERHARD (2004): Wein und Schlaganfall – Wein im Blickpunkt der Medizin.- In: Heimatjahrbuch Kreis Ahrweiler, S. 37 ff.

KREUTER, GERHARD (2005): Wein im Blickpunkt der Medizin – Diabetes mellitus, Arteriosklerose und Wein.- In: Heimatjahrbuch Kreis Ahrweiler, S. 75 ff.

KREUTER, GERHARD (2006): Wein im Blickpunkt der Medizin. Die Diabetes-Ahrwein-Studie. – In: Heimatjahrbuch Kreis Ahrweiler, S. 62-64.

KREUTER, GERHARD (2009): Neue Erkenntnisse zur gefäßschützenden Wirkung des Rotweins. Der positive Einfluss von Rotwein bei Typ 2-Diabetikern (Erwachsenendiabetes). – In: Heimatjahrbuch Kreis Ahrweiler, S. 109-110.

KREUTER, GERHARD (2010): Moderater Rot- oder Weißweingenuss? Was ist aus gesundheitlicher Sicht mehr zu empfehlen? – In: Heimatjahrbuch Kreis Ahrweiler, S. 58 ff.

KREUTER, GERHARD u.Ursula Fradera (2011): Das europäische Programm WINEinMODERATION. - In: Heimatjahrbuch Kreis Ahrweiler, S. 100 ff.

KREUTER, GERHARD (2014): Herausforderung altersabhängiger Krankheiten. Schützt auch hier der moderate Weingenuss? – In: Heimatjahrbuch Kreis Ahrweiler, S. 87-90.

KREUTER, GERHARD (2018): Weinunverträglichkeit aus medizinischer Sicht. – In: Heimatjahrbuch Kreis Ahrweiler, S. 81 ff.

KREUTER, GERHARD (2019): Weingenuss: Wissenschaftler widerlegen London-Studie. – In: Heimatjahrbuch Kreis Ahrweiler, S. 221-222.

REESE, I (2020): Einfluss der Ernährung auf die Darmflora in VINOMED Juni 2020

WOOD, AM et al. (2018): Risk thresholds for Alcohol consumption In: The Lancet, 2018; 391 ;1513 f

WORM N. u.a: Moderater Weingenuss u. Prävention der Koronaren Herzkrankheit: DMW 2013: 138: 265 f.

Weitere Literatur beim Verfasser sowie insbesondere bei:
WINE in MODERATION c/o Deutsche Weinakademie, Platz des Weines 2, 55294 Bodenheim

Dr. med. Gerhard KREUTER
Internist - Chefarzt a. D.
Bergstraße 53
D-53474 Bad Neuenahr-Ahrweiler
Telefon (0 26 41) 2 84 61
E-Mail: Dr.-Kreuter@t-online.de
20 Jahre Mitglied des Wissenschaftlichen Beirats der Deutschen Weinakademie

ANMERKUNGEN
1) eine Auswahl der Studien zum Thema:
ZHANG, X ET AL.: Dietary patterns and risk of stroke in adults: J. Stroke Cerebrovasc Disease doi 10/16
CONSTANZO B. ET AL.; Europ. J. Epidemiol 2011
Alkoholkonsum und das Auftreten dementieller Errankungen: Weyerer ,Siegfried: 119. Kongress DGI Wiesbaden 4.4.2013
NEUSCHWANDER, M. ET AL.: Role of diet in type 2 diabetes incidence. Britisch Medical Journal 366
KITANDA, M. ET AL.: Nutriens 2020; 12:3108
KEYES, KM. ET AL.: Clinical and Experimental Research 2019; 43: 1734
FRAGOPOULOU, E. ET AL.: Molecules 2020; 25, 5054
POLSKY, S.: Current Diabetes Reports 2017; 17 :136

schuf in
1868
MAYSCHOSSER WINZER
Gottes hilf
dies wahren

Jubiläumsfässer 100 Jahre Mayschosser Winzerverein

Die königliche Ahr

Ortweinköniginnen (2011) zusammen mit der Deutschen Weinkönigin 2010/11 Mandy Großgarten 2.v.l. und der Gebietsweinkönigin Alina Bäcker 1.v.l.

Was nützt der beste Wein, wenn ihn niemand kennt? Also gilt es, diese Botschaft aller Welt zu verkünden. Und wer könnte das besser als eine kluge junge Frau mit Charme, Ausstrahlung, Wortwitz und – ganz wichtig – einem umfangreichen Fachwissen. Eine Weinkönigin, die als perfekte Botschafterin den Wein ihres Heimatortes, ihrer Region oder ganz Deutschlands repräsentiert. Damit hätten wir die drei Karrierestufen einer Weinkönigin zusammen. Wobei das Amt der Deutschen Weinkönigin der absolute Höhepunkt im Leben jeder Weinkönigin ist. Denn hier gilt: es kann nur eine geben. Und glauben Sie mir, die Anforderungen an die jungen Damen sind heute sehr hoch.

Die 11 Weinbaugemeinden der Ahr werden jedes Jahr von acht Weinköniginnen vertreten, die die Weine ihrer Gemeinde den Gästen und dem einheimischen Publikum näherbringen. Aus ihrer Mitte wird jedes Jahr eine Gebietsweinkönigin gewählt, die vor einer Fachjury ihr Weinwissen mit Überzeugungs-

Erstes Winzerfest der Ahr in Altenahr 1934

kraft unter Beweis stellen muss. Sie bewirbt ihr Gebiet nicht nur auf nationalen, sondern auch auf internationalen Veranstaltungen. Aus dem Kreis der Gebietsweinköniginnen wird jedes Jahr die Deutsche Weinkönigin gewählt, die im In- und Ausland 11.500 deutsche Weinbaubetriebe mit 80.000 Winzern repräsentiert. Sie sehen: Eine durchaus verantwortungsvolle Aufgabe, die von den jeweiligen jungen Damen mit viel Engagement und Überzeugungskraft bewältigt wird.

Die Idee, Winzerfeste mit einer Weinkönigin zu adeln, wurde 1931 in der Pfalz geboren. Mit der Machtübernahme der Nationalsozialisten 1933 wurde diese Idee sofort propagandistisch vereinnahmt. Der erste deutsche Weinwerbetag 1933 stand unter dem Motto „Trinkt deutschen Wein; deutscher Wein soll Volksgetränk werden". Und für die Ahr fügte der Bad Neuenahrer Bürgermeister Dr. Felix Meyer hinzu: „Trinkt Wein der Ahr, er nutzt und frommt, drum trinkt und trinkt, dass Absatz kommt (Ahrweiler Zeitung vom 17.08. und 01.09.1933) Das erste Winzerfest an der Ahr feierte man in Altenahr vom 7. bis 9. Oktober 1934, noch ohne Weinkönigin. Doch bereits zwei Jahre später, 1936, kürte die Ahr ihre erste Weinkönigin. Natürlich in Ahrweiler, wo auch sonst. Pikanterweise war die Auserwählte eine junge Dame namens Marga Bier! – später verheiratete Grams. Sie repräsentierte stolz den Wein ihrer Heimatstadt, angetan

Maritta Heinzen (heute Schmitz - 1962/1963) Foto: Bildarchiv Kreisverwaltung Ahrweiler

mit einer Robe, die eher einer Karnevalsprinzessin zu Gesicht gestanden hätte. Na ja, das entsprach eben dem Geschmack der Zeit.

Bis 1950 repräsentierten ausschließlich die pfälzischen Gebietsweinköniginnen den deutschen Wein. Seitdem wird die deutsche Weinkönigin von einer Fachjury aus den Repräsentantinnen aller deutschen Weinanbaugebieten gewählt. So stellten sich bei der ersten Wahl zur Deutschen Weinkönigin im Jahr 1950 regionale Winzerstöchter vor, die, wie es die Süddeutsche Zeitung schrieb, „von kräftiger Statur, kerngesund und apfelbäckig" waren. Ihre Aufgabe war eher „Trinken und Winken", aber auch Tanzen mussten sie können.

Reichten in den 1950ern noch trinken, winken, tanzen sowie ein charmantes Lächeln und Redegewandtheit, sind die Anforderungen an die jungen Damen im Laufe der Jahrzehnte erheblich gestiegen. Neben umfangreichem Fachwissen in Weinbau und Önologie werden ein sicheres Auftreten, Sprach- und Marketingkenntnisse vorausgesetzt. Das alles müssen die jeweiligen Gebietsweinköniginnen in einer Fachprüfung und einer Galaveranstaltung vor laufenden Kameras des Südwestrundfunks überzeugend unter Beweis stellen.

Die Deutsche Weinkönigin und ihre zwei Weinprinzessinnen erwarten ein Jahr lang weit über 200 nationale und internationale Veranstaltungen. Dort werben sie im Auftrag des Deutschen Weininstituts für die deutschen Weine, ihre Geschichte und die Besonderheiten unserer Flusslandschaften, die die deutschen Weine so einzigartig und besonders machen. Und da auch hier gilt: Selber testen ist am besten, umfasst ihr Reisegepäck immer Kostproben unserer Weine, vor allem Riesling und Spätburgunder. Erste Deutsche Weinkönigin von der Ahr wurde die 19-jährige Maritta Heinzen, heute Schmitz, im September 1962. Vor 41 Wahlmännern bestand Maritta die Fachprüfung glänzend und erreichte in einem zweiten Wahlgang die absolute Mehrheit.

Was sie im Vorfeld dieser Wahl erlebte, schilderte Sie in einer mit viel Witz gehaltenen Rede beim 140-jährigen Jubiläum 2014 des Ahrweiler Winzer-Vereins. „Eines Tages sagte Herr Gasper, Präsident des Ahrweiler Winzer-Vereins, zu mir: Unser schöner ruude Weeng wird gar nicht gewürdigt. Es liegt an Dir, ihn bei der Wahl zur Deutschen Weinkönigin in Neustadt ins rechte Licht zu setzen. Als ich die großen Weinberge in der Pfalz sah, wurde mir ganz mulmig. Mein Vater sagte zu mir: „Ja, die trinken auch Weeng aus Blomevase (Blumenvasen)." Ich dachte an unsere kleinen Parzellen, die steilen Lagen und unsere Feierabend-Winzer und auch an unseren Wein in kleinen 0,1 Litergläsern. Bereits am nächsten Tag fand die Wahl statt. Ich wurde als achte Bewerberin aufgerufen. Nach einer Prüfung, die etwa eine Viertelstunde dauerte, hatte ich ein gutes Gefühl. Ich bekam 16 Stimmen, aber es reichte nicht zur absoluten Mehrheit. In einem zweiten Wahlgang konnte ich die Stimmenzahl fast verdoppeln. Es war geschafft. Ich war Deutsche Weinkönigin."

Ein einschneidendes Erlebnis hat sie nie vergessen. Im Oktober 1962 flog sie zusammen mit dem rheinlandpfälzischen Weinbauminister Oskar Stübinger nach Berlin. „Die Unterkunft im vornehmen Hilton kostete unglaubliche 60 Mark. Ein Preis, der mich schockte," so Maritta heute, „denn meine Mutter vermietete Gästezimmer für sieben Mark die Nacht. Als ich am ersten Morgen vom Hotelzimmer nach draußen sah, fuhren Panzer durch die Straße." Der Grund für die Panzer war die Kuba-Krise, eine drohende atomare Auseinandersetzung zwischen den USA und der Sowjetunion. „Alle Welt befürchtete den Ausbruch des Dritten Weltkriegs. Überhastet reiste ich alleine mit dem Interzonenzug ab. Es waren bange Stunden für meine Eltern."
Es dauerte zehn lange Jahre, bis die Ahr wieder eine deutsche Weinkönigin feiern konnte. Allerdings hatte die Ahr Anfang der 1960er Jahre ein mieses Image. Und das nicht zu Unrecht. Sie erinnern sich an den Strohhuttourismus und seine Folgen? An den jungen Frauen hat es sicher nicht gelegen, die haben ihr Bestes gegeben.

Bis 1973 vollzog das Weinanbaugebiet Ahr einen umfassenden Imagewandel. Am 06. Oktober 1973 holte Ingrid Kurth, heute Gies, die Tochter eines Nebenerwerbswinzers, die Krone der Deutschen Weinkönigin wieder an die

Drei Deutsche Weinköniginnen von der Ahr – v.l. Ingrid Kurth (heute Gies --1973/1974) Ursula Maur (1984/1985) Maritta Heinzen (heute Schmitz -1962/1963) Foto: Werner Mertens

Ahr. Der Jubel kannte keine Grenzen. Die junge Frau aus dem Frühburgunderort Bachem kam, sah und siegte mit Fachwissen, Charme und Bescheidenheit. Das deutsche Weingesetz von 1971 brachte vielfache Neuerungen. Ihre vorrangigste Aufgabe in den Diensten der Werbung für den deutschen Wein war es, bei allen Veranstaltungen, Messen und Weinproben die Verbraucher über das deutsche Weingesetz von 1971, speziell über die Einteilung des deutschen Weines in Güteklassen und Prädikate sowie die Qualität der Weine mit amtlicher Prüfnummer zu informieren.

Sie war zu Gast in Bonn beim Gartenfest des Bundeskanzlers Helmut Schmidt und nahm während der Grünen Woche in der Bundeshauptstadt Berlin unter anderem an der Ehrung der Landjugend durch den Bundespräsidenten Gustav Heinemann teil.

Nach Ingrid Kurth trat wieder eine 10-jährige Pause ein, bis Ursula Maur, eine Winzerstochter aus Mayschoß, die Ahrwinzer am 5. Oktober 1984 mit der Krone der Deutschen Weinkönigin erlöste. Ihr Engagement um den Wein gründete im Vermächtnis ihres verstorbenen Vaters. „Als ich noch Kind war, hat er mir vom Umgang mit der Rebe und insgesamt vom Beruf des Winzers mit sehr viel Liebe erzählt. Und dieses Gefühl habe ich in meine Weinköniginnen-

Mandy Großgarten (heute Gieler -2010/2011)
Foto:
Werner Mertens

zeit mitgenommen. Dass ein Winzer-Vater mit seiner jungen Tochter darüber spricht, wie es einmal wäre, Weinkönigin zu werden und diesen besonderen Berufsstand zu vertreten, dass haben wahrscheinlich die meisten Weinköniginnen in Erinnerung.

Als ich es dann wurde, habe ich ihm liebe Grüße in den Himmel geschickt“, so Ursula Maur heute.

Unvergessen bleibt für sie die Rheinschifffahrt zusammen mit Bundeskanzler Kohl und dem japanischen Ministerpräsidenten Nakasone. 1985 erschütterte dann der Glykol-Skandal das Vertrauen in den gesamten europäischen Weinbau, weil ein paar wenige Winzer aus Niederösterreich ihren Wein mit einer auch als Frostschutzmittel bekannten Chemikalie „versüßt“ hatten. Unberechtigter Weise war auch der deutsche Wein betroffen und Ursula Maur stand vor der enormen Herausforderung, dieses verlorene Vertrauen zurück zu gewinnen. Eine Aufgabe, um die sie wirklich nicht zu beneiden war.

Nach Ursula Maur dauerte es ewiglange 26 Jahre, bis die Ahr wieder eine deutsche Weinkönigin stellte. Dann aber kam es Schlag auf Schlag. Von 2010 bis 2020 ging die höchste Krone des deutschen Weines gleich dreimal an die Ahr, das hatte bisher nur die Mosel geschafft. Die Erfolgsserie begann 2010/2011 mit Mandy Großgarten, heute Gieler, einer Studentin der Chemie und Materialwissenschaft. Mit Wissen, Herzlichkeit und Spontanität überzeugte die Tochter eines Nebenerwerbswinzers aus Dernau das Wahlkomitee in Neustadt an der Weinstraße.

Julia Bertram (heute Baltes -2012/2013) Foto: Werner Mertens

Nach nur einem Jahr Wartezeit holte dann Julia Bertram, heute Baltes, die Krone der Deutschen Weinkönigin, wieder nach Dernau. Sie war Studentin an der Fachhochschule Geisenheim und bearbeitet zeitgleich mit ihrer Mutter und ihrer Tante das Familienweingut von 2,5 Hektar Rebfläche. Ihre theoretischen Kenntnisse und ihre praktische Erfahrung konnte von keiner anderen Bewerberin bei der Fachbefragung und der TV-Gala in Neustadt getoppt werden. Als 64. Deutsche Weinkönigin bereiste sie fast alle Kontinente, hielt Weinproben im Europaparlament und Seminare in Peking und begeisterte überall mit ihrem Wissen und ihrem Charme. Julia steht vor allem für ökologischen Weinbau und hat heute ihren eigenen Betrieb auf eine ökologische Arbeitsweise mit weitergehenden Aspekten der Nachhaltigkeit in Weinberg und Keller umgestellt.

Wegen der Corona-Pandemie stellten sich zur Wahl der 72. Deutschen Weinkönigin nur sieben der 13 Gebietsweinköniginnen. Der Wahlmodus wurde unter Beibehaltung des hohen Niveaus coronamässig angepasst und seit dem 25. September 2020 trägt Eva Lanzerath aus Walporzheim an der Ahr die Krone der Deutschen Weinkönigin. „Es war ein Moment, indem die Welt stillstand, ein unglaubliches Glücksgefühl", beschreibt Eva die Wahl. In ihrem Heimatort Walporzheim und bei einem Empfang im Steigenberger Kurhotel in Bad Neuenahr wurde Eva mit begeistertem Jubel empfangen. Corona stellt Eva vor ganz neue Herausforderungen, die sie – wie ihre Vorgängerinnen bereits unter Beweis gestellt haben – mit Bravour meistern wird.

Eva Lanzerath, Deutsche Weinkönigin 2020/2021
Foto: Klaus Geck

Ahrweinfreunde gewinnen und behalten

Von der Basis zum Kult

Woran erkennt man die Qualität eines Weins ohne Verkostung? Am Preis? Gut, das ist ein Anhaltspunkt, aber nicht mehr. An Form und Farbe der Flasche? Eher nicht. Am Etikett? Da kommen wir der Sache schon näher. Allerdings gibt das Design des Etiketts, egal ob schrill bunt, stilvoll edel, klassisch, elegant, bieder, avantgardistisch oder schlicht langweilig, allenfalls dezente Hinweise. Wichtig ist nur, was auf dem Etikett draufsteht! Ein Etikett richtig zu lesen, ist in Deutschland aber besonders schwierig. Es gibt nämlich zwei Systeme, die beide mit dem deutschen Weinrecht konform gehen. Einmal das traditionelle deutsche, das sogenannte germanische System, das sich am Oechslegehalt orientiert und das EU-System, das sich nach dem Vorbild des französischen Weinrechts an der Herkunft orientiert, das romanisches System. Um die Verwirrung komplett zu machen, nutzen die Winzer in Deutschland beide Systeme nebeneinander. Also machen wir uns an die Aufklärung.

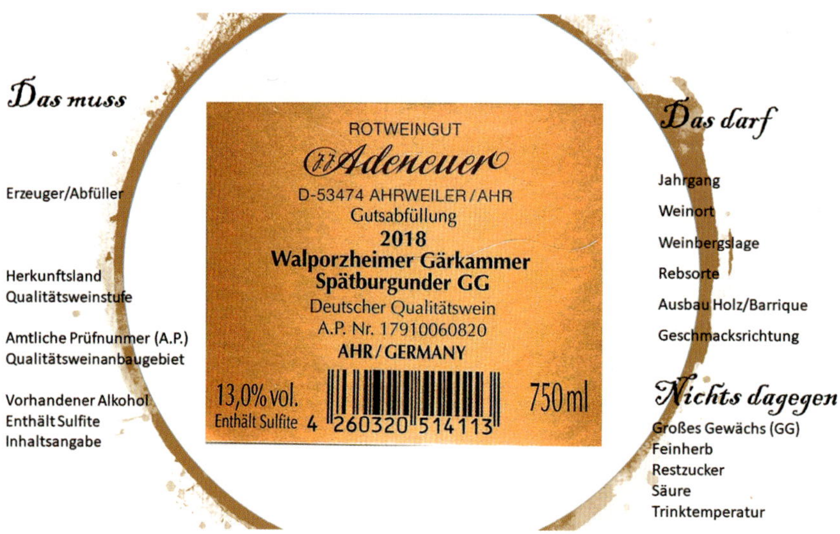

Das Etikett – der Personalausweis des Weins

Das Weinetikett in seiner heutigen Form entwickelte sich schrittweise. Den Anfang mit dem ersten Weinetikett Deutschlands machte ein 1822er Schloss Johannisberger Cabinet. Die Idee wurde begeistert aufgegriffen und verbreitet sich schnell. Allerdings gab es lange nur ein Frontetikett mit ein paar wenigen Angaben, das von einer Halsschleife, auf dem der Jahrgang oder das Weinsiegel ausgewiesen war, ergänzt wurde.

Heute sind fast alle Weinflaschen sowohl mit einem Front- als auch mit einem Rückenetikett ausgestattet. Alle Behältnisse unter 60 Liter Inhalt müssen etikettiert werden. Es gibt Pflichtangaben, die auf jedem Etikett stehen müssen. Sie können durch freiwillige Angaben ergänzt werden, die aber nicht irreführend sein dürfen, egal, ob sie auf dem Front- oder dem Rückenetikett stehen. Das Frontetikett darf auch zu Werbezwecken genutzt werden. Das Etikett mit den wichtigen Aussagen ist aber das Rückenetikett. Deshalb drehen Sie die Flaschen vor dem Einkauf um.

Die Güteklassen

Deutscher Wein

Die einfachste Stufe ist der Deutsche Wein. Er wird in großen Mengen angeboten und genießt keinen geografischen Schutz. Ziel ist, über eine möglichst lange Zeit Weine mit gleichbleibendem Geschmack anzubieten. Deshalb kommen sie in der Regel als Cuvée auf den Markt und haben keine amtliche Prüfnummer. Obwohl hier „Masse" statt „Klasse" vorherrscht, können diese Weine ansprechend sein. Bei Winzern und in Genossenschaften finden sich Deutsche Weine am unteren Ende der Preisskala, sowohl aus eigener Herstellung wie auch als Zukauf aus anderen Anbaugebieten. Was was ist, ist auf dem Etikett ausgewiesen.

Güteklassen im deutschen Wein

Landwein

Die nächsthöhere Stufe ist der Deutsche Landwein. In Deutschland gibt es 26 Landwein-Anbaugebiete, deren Weine mit geografisch geschützter Angabe, abgekürzt g.g.A., ausgewiesen sind. Die Weine sind unkompliziert und überwiegend trocken und halbtrocken ausgebaut. Es gibt auch Ahrtaler Landwein. Allerdings ist der rar, man strebt schließlich nach Höherem.

Wussten Sie, dass es auch Mecklenburger Landwein gibt? Er hat in Rattey in Mecklenburg-Vorpommern seinen Ursprung. Im Mittelalter war Weinanbau so weit nördlich ganz normal. Das es ihn dort heute wieder gibt, begann 1999 mit der Anpflanzung von 500 Reben der Sorte Regent. Die Geschichte dahinter klingt unglaublich. Nach der Wende hatte ein Bremer Rechtsanwalt Schloss Rattey gekauft und einer touristischen Nutzung zugeführt. Die Klimawerte im vorgelagerten Schlossberg schienen für einen Weinanbau ausreichend. Nach einer damals gültigen Bestimmung im deutschen Weingesetz durfte man 100 Quadratmeter bzw. 99 Rebstöcke genehmigungsfrei zum Eigenbedarf bearbeiten. Seine Idee fand im Ort so großen Anklang, dass er einen Winzerverein gründete. Durch den ungebrochenen Zulauf kamen 3,5 Hektar Weinberg zusammen. Im Rahmen der Gartenschauen 2002 in Wismar und 2003 in Rostock wurde der Standort Rattey zum „Weingarten im Landschaftspark" erhoben. Die auf Initiative des Landes Mecklenburg-Vorpommern veranlasste Änderung der Weinverordnung ließ das erste nördliche Landwein-Anbaugebiet entstehen. Ihm folgte 2009 Schleswig-Holstein, das dem Sylter Weinanbau mit 3000 Stöcken der Sorte Solaris zum Gebietsschutz verhalf.

Qualitätswein

Kommen wir jetzt zur höchsten Stufe, dem Qualitätswein. Es handelt sich um Weine mit geschützter Ursprungsbezeichnung, abgekürzt g.U., mit amtlicher Prüfnummer, die immer aus einem der 13 deutschen Qualitätsanbaugebiete kommen. Stolze 90 Prozent aller deutschen Weine werden als Qualitätswein g.U. vermarktet, so auch die der Ahr. Das spricht für die Qualität deutscher Weine.

Fassen wir noch einmal zusammen. Es gibt drei Qualitätsstufen: Deutscher Wein und Landwein (g.g.A.), beide ohne amtliche Prüfnummer, sowie Qualitätswein (g.U.), mit amtlicher Prüfnummer. Qualitätsstufe und Prüfnummer müssen auf dem Etikett angegeben werden. Klingt einfach und ist es auch. Aber jetzt wird es kompliziert. Denn der Qualitätswein wird noch einmal in

Qualitätstufen gegliedert. Und zwar sowohl nach dem germanischen System, das mit Prädikatsstufen arbeitet, als auch nach dem romanischen System, das sich auf die Herkunft stützt. Die EU-Weinmarktordnung spricht vom integralen Bezeichnungssystem.

Das Prädikatsstufensystem

Ganz kurz zum Prädikatsstufensystem. Seit 1971 sind im deutschen Weinrecht Prädikatsstufen etabliert, die in aufsteigender Reihenfolge als Kabinett Spätlese, Auslese, Beerenauslese, Eiswein und Trockenbeerenauslese festgelegt sind. Das Mostgewicht, das heißt die Oechslegrade, ist maßgebend für das jeweilige Prädikat. Bereits bei der Weinmarktreform von 2009 wurde die am Terroir angelehnte Qualitätsorientierung eingeführt, die mit dem Weingesetz von 2021 mit einer Übergangsfrist bis 2025 umgesetzt wird. Für den Weinfreund/in bedeutet dies, dass die Prädikatsstufen entfallen und er sich künftig an der Herkunft des Weines orientieren kann.

Das Herkunftssystem

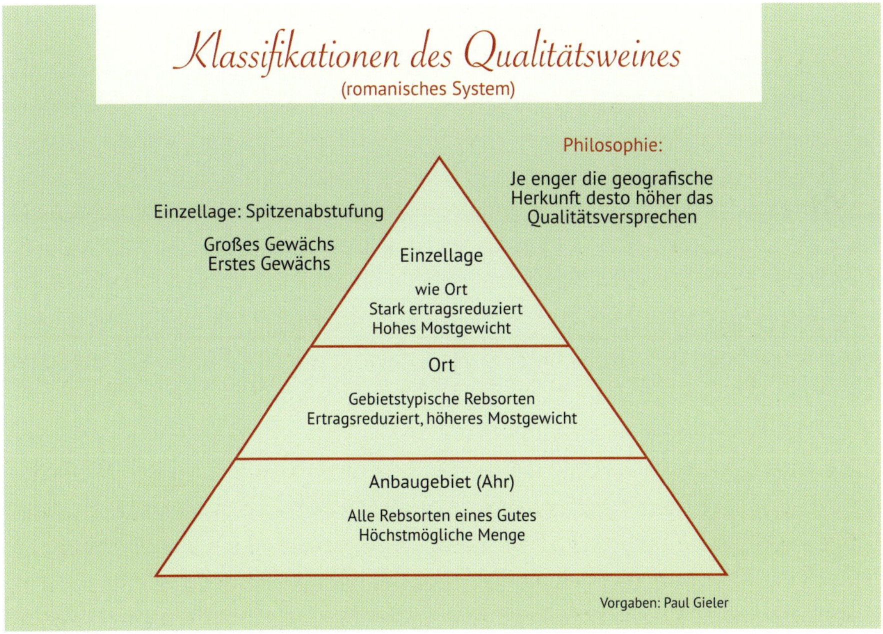

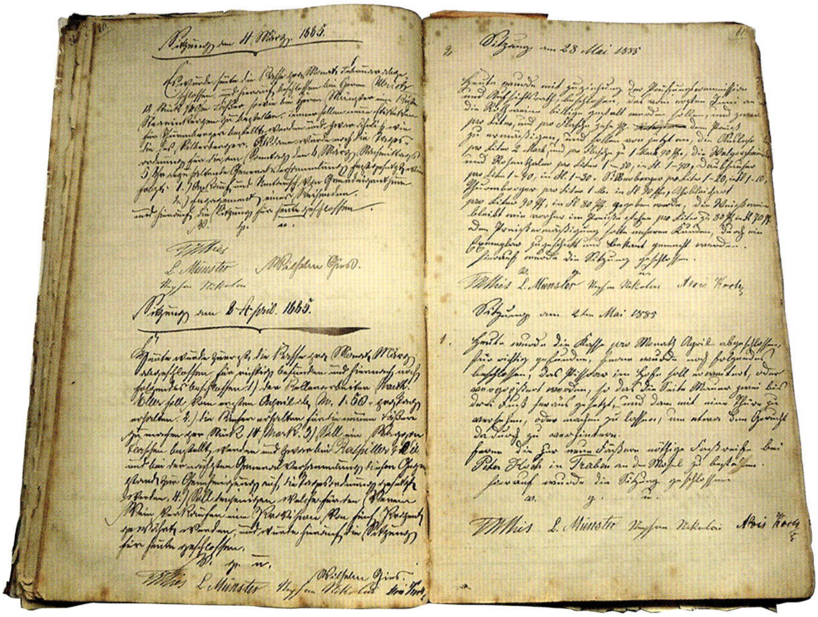

Protokollbuch Vorstand Ahrweiler Winzer-Verein 1885

Die Herkunft als Qualitätsmerkmal für den Ahrwein hat eine lange Tradition. Schon 1885, wenige Jahre nach der Gründung der Winzergenossenschaften, finden wir im Protokollbuch einer Vorstandssitzung des Ahrweiler Winzer-Vereins eine Herkunftseinstufung, aufsteigend.

1885	Flaschenpreis	Heute	Lageneinschätzung
Ahrweiler Thurmberger	1,00 Mark	Ahrweiler Silberberg	hoch
Ahrweiler Daubhauser	1,40 Mark	Ahrweiler Daubhauser	hoch
Ahrweiler Rosenthaler	1,50 Mark	Ahrweiler Rosenthaler	teilweise höchst
Walporzheimer	1,50 Mark	Walporzheimer Kräuterberg	höchst

Dieses Beispiel zeigt, dass sich der Wert in fast 150 Jahren nicht verändert hat.

Mit dem Weingesetz von 1971 musste man sich auch an der Ahr auf das Prädikatsstufensystem umstellen. Dass das Rad heute wieder zurückgedreht wird, hat nicht nur, aber hauptsächlich mit der Bewirtschaftungsweise und der modernen Kellertechnik zu tun, die mit früheren Verfahren nicht vergleichbar sind. Heute lassen sich zum Beispiel Farbstoff, Säuren, Phenole, Aromen, Minerale und Stickstoffverbindungen gezielt gewinnen und erhalten. Sie sind es, die das Terroir verkörpern und damit die vielfältige Möglichkeit zum Spitzenprodukt bieten. Der Verband deutscher Prädikats- und Qualitätsweingüter, VdP, hat die Herkunftsbezeichnung bereits 2001 eingeführt An der Ahr ist schon seit längerem der Trend zum Herkunftssystem festzustellen.

Das Herkunftssystem setzt den Gebietsschutz, ausgehend vom Anbaugebiet noch oben fort und folgt dem Prinzip „Je enger die geografische Herkunftsangabe, desto größer das Qualitätsversprechen". Es beginnt beim Ahrwein, der aus mehreren Orten stammen kann, gefolgt vom Ortswein aus einem bestimmten Ort, bis hin zum Lagenwein, der so nur in einer bestimmten Lage wächst. Ortsweine und Lagenweine müssen zusätzliche Anforderungen an die Rebsorte, die maximale Ertragsmenge und den Reifegrad erfüllen. Auch darf der Wein nur in einem festgelegten zeitlichen Abstand zur Ernte an den Verbraucher abgegeben werden.

Die Pflege des Herkunftssystems an der Ahr geht mit den Qualitätsprogrammen der Winzergenossenschaften und Weingüter über die Mindestvorschriften hinaus. Traubenstruktur, Traubengesundheit und die Boden- und Laubwandpflege werden durch Expertenteams bonitiert und es wird dabei entschieden, ob die vom Betrieb vorgegebenen Anforderungen erfüllt sind. Die Lese richtet sich nach der physiologischen Reife der Trauben. Das ist der Zeitpunkt, in dem Geschmack, Zuckergehalt und Säure am ausgewogensten sind.

Die Herkunftsprofilierung wird nicht durch Bundes- oder Landesverordnungen vorgegeben, sondern wichtige Standards werden durch Schutzgemeinschaften in Produktspezifikationen festgelegt. So hat die Schutzgemeinschaft Ahr die Aufgabe, den eigenständigen Charakter unserer Ahrweine durch Anforderungskriterien zu entwickeln und zu dokumentieren.

Eiswein an der Ahr

Für die Einschätzung von Weinqualität kann ein Schneebild hilfreich sein.

Eiswein ist ein Geschenk der Natur. Sie allein entscheidet, ob und wo sie die Erzeugung eines Eisweins möglich macht. Seien Sie deshalb nicht enttäuscht, wenn der Winzer ihrem Wunsch nach Eiswein nicht nachkommen kann. Er kann wirklich nichts dafür. Um Eiswein zu erzeugen, müssen folgende Bedingungen erfüllt sein: Die Trauben müssen gesund sein und in der Qualität mindestens einer Beerenauslese entsprechen, ohne die dafür begehrte Edelfäule. Das heißt für die Ahr, dass sie ein Mostgewicht von mindestens 110 Grad Oechsle haben müssen. Weiter muss der Rebstock entblättert und die Trauben vorsichtig mit einer besonderen Folie geschützt werden. Sie müssen am Stock gefrieren, nicht erfrieren, das ist ein himmelweiter Unterschied. Gelesen werden dürfen sie erst ab einer Temperatur von mindestens minus 7 Grad Celsius. Weiter dürfen sie beim Transport in den Keller nicht auftauen, was bedeutet, dass die Transportbütten in Eis gepackt werden müssen. Im Keller angekommen, müssen sie im gefrorenen Zustand vorsichtig gemahlen und gekeltert werden. So fließt nur das Konzentrat ab, das gefrorene Wasser bleibt zurück.
Der Winzer geht bei dieser Prozedur ein hohes Risiko ein, das oft genug mit einem Totalverlust endet. Wenn es dann doch mal gelingt, ist die Menge auf fünf bis zehn Prozent einer normalen Ernte geschrumpft. Verstehen sie jetzt, warum Eiswein nicht immer und überall verfügbar sein kann und der Preis bei weit über 50 Euro je halbe Flasche liegt. Er ist ein rares Gut und jeder Winzer

ist bestrebt, wenigstens einmal in seinem Winzerleben einen Eiswein zu erzeugen. Denn ein Eiswein ist sein Meisterstück. Trotzdem bringt es der Eiswein im Ranking der Qualitätsstufen nur auf Platz zwei. Er hat einen Sonderstatus, der zwischen der Beerenauslese und der Trockenbeerenauslese liegt. Der Unterschied zu edelsüßen Weinen liegt in der dichten Konzentration seiner Inhaltsstoffe, verbunden mit einer verhältnismäßig hohen Säure. Wie Beeren- und Trockenbeerenauslesen sind Eisweine über Jahrzehnte haltbar.

Die Frage nach Eisweinen an der Ahr stellt sich für die Winzer jedes Jahr aufs Neue.

Eisweinlese

	Datum	Tage
2009	18.12.2009 bis 20.12.2009	3
2010	3.12.2010 bis 4.12.2010	2
2011	Kein Eiswein möglich	
2012	8.12.2012	1
2013	Kein Eiswein möglich	
2014	28.12.2014 bis 29.12.2014	2
2015	18.01.2016 bis 20.01.2016	3
2016	29.11.2016 bis 30.11.2016	2
2017	Kein Eiswein möglich	
2018	22.01.2019 bis 23.01.2019	2
2019	Kein Eiswein möglich	
2020	10.2.2021 bis 13.2.2021	4

Die Tabelle zeigt, dass in 12 Jahren eine Eisweinernte nur in drei, maximal in sechs Jahren möglich war. In den Jahren 2011, 2013, 2017 und 2018 scheiterte es am fehlenden Kälteeinbruch. Zweimal, in 2010 und 2014, wurde die natürliche Reife bis zu einer Beerenauslese nicht erreicht. In zwei weiteren Jahren, 2015, 2018 und 2020 stellte sich der Frost erst spät ein, so dass der Gesundheitszustand der Trauben eine Eisweinlese kaum mehr zuließ.

Eiswein ist ein Produkt des nördlichen Weinanbaus. Im Februar 1830, also Jahrgang 1829, wurden zum ersten Mal gefrorene Trauben gelesen, und zwar in Dromersheim bei Bingen in Rheinhessen. Sie sollten als Viehfutter verwendet werden. Als man aber den hohen Zuckergehalt feststellte, entschied man sich, die Trauben zu Wein zu verarbeiten, dem ersten Eiswein in Deutschland. Über Österreich verbreitete sich der Eiswein Mitte 1970er Jahre bis nach Kanada. Angesichts der Klimaerwärmung bestehen Zweifel, ob es in Europa auf Dauer noch Eiswein geben wird.

- Mindestanforderungen für die Ahr:
  von 110° Oechsle (Oe)

- Wetterstation Mayschoß: 140 m über N.N.

Tiefsttemperatur	Ausreichende Qualität
-8,9°bis -18,8°	o.k.
-7,9° bis -8,0°	nein
-10,5°	o.k.
-7,7° bis -8,6°	nein
-10,3° bis -7,6°	bedingt
-8,2°bis -8,5°	o.k.
-11,4° bis -10.5°	bedingt
-9,7° bis - 10,7°	bedingt

Winzergenossenschaften und Weingüter

Die Weinbergsfläche der Ahr von rund 560 Hektar wird mit 325 Hektar zu 57 Prozent von den drei Winzergenossenschaften bewirtschaftet. Die restlichen 235 Hektar sind im Besitz von 46 eigenständigen Weingütern. Von den 622 Weinbaubetrieben an der Ahr bewirtschaften nur 117 mehr als einen Hektar. Ein Fassweinverkauf findet nicht statt. Die reizvolle Landschaft und das vielfältige touristische Angebot locken eine große Anzahl Besucher in die Region, die ihren Ahrwein direkt in der Genossenschaft oder beim Winzer kaufen. Damit erreicht die Direktvermarktung einen Spitzenwert von fast 60 Prozent. Der Anteil des Onlinehandels in der Direktvermarktung liegt zur Zeit bei acht bis zehn Prozent und wird sicherlich weiter steigen.

Annäherung aufgrund der Auswertungen der Genossenschaften und ausgewählter Betriebe

60%	20%	15%	4%	< 1%
Direktverkauf	Lebensmittelhandel	Gastronomie	Fachhandel	Export

Im Ahrweiler Winzer-Verein 1920 – Wein verlangt auch im Keller noch viel Muskelkraft

Winzergenossenschaften

Die vorherrschende Betriebsstruktur an der Ahr ist immer noch der Familienbetrieb. Weinberge werden überwiegend im Nebenerwerb bearbeitet. Die Weinproduktion und die Vermarktung übernehmen bei diesen „Kleinen Winzern“ die Winzergenossenschaften.

Deutsche Winzergenossenschaften haben an der Ahr ihren Ursprung. Wie der Name schon sagt, handelt es sich um einen Zusammenschluss von Winzern in einer Genossenschaft. Während der Winzer seine Weinberge eigenverantwortlich bearbeitet, liegen Kellerwirtschaft, Marketing und Verkauf in den Händen der Genossenschaft. In Deutschland gibt es heute 160 Winzergenossenschaften, die rund ein Drittel des deutschen Weins erzeugen. Die erste Winzergenossenschaft der Welt wurde 1868 in Mayschoß gegründet. Die genossenschaftliche Idee ist eng verbunden mit der wirtschaftspolitischen Entwicklung in Deutschland zu Beginn der Industrialisierung Anfang des 19. Jahrhunderts. Viele Landarbeiter wanderten wegen der besseren Löhne in die Industrie ab. Die Wirtschaftspolitik wurde liberalisiert, was für landwirtschaftliche Betriebe zu einem harten Konkurrenzkampf führte. Die Winzer verkauften ihre Trauben oder ihren Wein notgedrungen an eine Handvoll Weinhändler, die die Preise diktierten. Viele kleine und kleinste Betrieb gerieten in Not, was durch Kinderreichtum, das fränkische Erbrecht und miserable Ernten wegen des anhaltend schlechten und kalten Wetters noch verstärkt wurde. Die Folgen waren wachsende Verelendung und Hungersnöte.

Beseelt vom Geist Friedrich Wilhelm Raiffeisens und mit Unterstützung des Genossenschaftsgründers Hermann Schulze-Delitzsch wagte man in Mayschoß am 21.12.1868 den ersten Zusammenschluss zu einer Winzergenos-

Plakat Weinbaron Kreuzberg

senschaft. Die Genossenschaftsidee fiel an der Ahr, und später auch in ganz Deutschland auf fruchtbaren Boden. Noch bevor 1877 im Rheingau zwei Winzergenossenschaften entstanden, gab es an der Ahr schon deren neun. Die Genossenschaften hatten auch eine starke soziale Komponente. Sie entwickelten sich in allen 11 Weinbauorten der Ahr zum „Herz" im Dorf und zum gesellschaftlichen Mittelpunkt. So ging man zum Beispiel nach der sonntäglichen Messe ganz selbstverständlich in den Winzerverein zum Frühschoppen. Dabei spielte man Sibbeschröm, ein Kartenspiel, bei dem für jede verlorene Runde ein Strich gemacht wurde. Sieben Striche ergaben ein verlorenes Spiel.

Frühschoppen im Winzerverein um 1950

Traubenannahme Ahr Winzer e.G., Dernau

Im Winter gab das dörfliche Laientheater unvergessliche Vorstellungen und auch die Fastnachtsbälle habe ich noch in guter Erinnerung. Es gab auch eine eigene „Währung", das sogenannte „Böengsche", welches zum Einkauf eines Bömmesje berechtigte. Aber das muss ich Ihnen übersetzen: Das Böengsche war eine aus Metall gestanzte Wertmarke und das Bömmesje die an der Ahr traditionell verwendete Burgunderflasche mit einem schmalen, kurzen Hals und einem dicken Bauch. Auch dem jährlichen Stiftungsfest wurde tagelang entgegen gefiebert. Bei freiem Essen und Trinken feierte man, nach den unvermeidlichen Ansprachen, nach Kräften bis in den frühen Morgen. Bis Mitte des letzten Jahrhunderts hatte es die Ahr auf 30 Genossenschaften gebracht. Natürlich war nicht jede Gründung erfolgreich, denn wie in jedem anderen Geschäft fordern Wagnis und Mut auch ihre Opfer.

In der zweiten Hälfte des 20. Jahrhunderts trat dann der genossenschaftliche Strukturwandel ein. Um die Produktionskosten niedrig zu halten und den Absatz zu fördern schlossen sich die Winzergenossenschaften nach und nach zusammen. Der Preis war allerdings eine gewisse Entfremdung zwischen den Mitglieder und der Leitung der Genossenschaft. Die Mitgliedswirtschaft trat in den Hintergrund. Um im steigenden Wettbewerb am Markt zu bestehen, wurden das Marketing und die Kundenorientierung professionalisiert. Man entwickelte sich ein Stück weit weg von der ursprünglichen Genossenschaftsidee hin zu einer modernen Firma. Gleichwohl fühlen sich fast alle Mitglieder ihrer Genossenschaft verbunden.

Die drei Winzergenossenschaften an der Ahr

Ahrweiler-Winzer-Verein
70 Mitglieder
25 ha Rebfläche
gegründet 1874

Winzergenossenschaft Mayschoß-Altenahr
älteste Winzergenossenschaft der Welt
421 Mitglieder
150 ha Rebfläche
gegründet 1868

Ahr-Winzer e.G. (Dagernova)
580 Mitglieder
150 ha Rebfläche
gegründet 1871 (Dernauer WV)

Sind Ahrwinzer steinreich?

Geologisch gesehen schon. Aber gilt das auch finanziell? Auch wenn die fortschreitende Mechanisierung der letzten Jahrzehnte spürbare Erleichterung gebracht hat, ist Steillagenweinbau immer noch Knochenarbeit für Mindestlohn und frische Luft? Schauen wir doch einmal in das Portemonnaie eines Nebenerwerbswinzers mit einem Hektar Rebfläche. Mit seiner fachlich anspruchsvollen und körperlich anstrengenden Arbeit verdient er pro Stunde ganze 12,00 Euro. Und das auf eigenem Grund und Boden. Hätte er einen Teil gepachtet, wäre nicht einmal der Mindestlohn drin. Aber Sie müssen nicht gleich den Hut herumgehen lassen, es gibt ja noch ein Haupteinkommen. Wenn er es nicht des Geldes wegen tut – warum dann? Nun ganz sicher aus Stolz auf den Wein, aus Hochachtung vor der Leistung der Vorfahren und nicht zuletzt aus Liebe zur Heimat. Drei gute Gründe – und alle unbezahlbar, wie ich meine.

Möchten Sie hier arbeiten?

Qualitätsweinbau in der Steillage: Hangneigung ca. 70%
Erntemenge 10.000 Kg. / Hektar = 10.000 - 0,75l Flaschen Wein

Wirtschaftlichkeitsberechnung

Jahr 2018	ha/€
Traubenpreis 2009–2018	23.000
Bebauungskosten ohne Hubschrauber	- 2.650
Hubschrauberspritzungen	- 3.000
Herstellung Rebanlage verteilt auf 30 Jahre	- 1.500
Steuer 25 %	- 3.900
Summe	11.900
Lohn bei 1000 Stunden (gerundet)	12,00

Vorgaben: Paul Gieler

Beim Discounter liegt der Durchschnittpreis pro Flasche Wein bei preiswerten 3,00 Euro. Warum ist der Ahrwein so viel teurer? Nun, ein Ahrwinzer investiert pro Hektar und Jahr je nach Steilheit der Lage 800 bis 1.000 Arbeitsstunden. Das gilt für Genossenschaftswinzer wie Weingüter gleichermaßen. Bleiben wir bei den Genossenschaften. Für seine Arbeit bekommt der Winzer Traubengeld, pro Kilo etwa 2,30 Euro. Der Ausbau im Keller, die Lagerung und die Kosten für Ausstattung und Vermarktung lassen diesen Betrag auf ca. 7,00 Euro pro 0,75 Liter Flasche ansteigen. Weiter sind Mitarbeiter zu bezahlen, Gebäude zu unterhalten, in Kellertechnik zu investieren und Rücklagen zu bilden. Das dafür der Selbstkostenpreis nicht ausreicht, liegt auf der Hand. Betriebswirtschaftlich interessant wird es ab 10,00 Euro pro Flasche. Im Zuge der Flurbereinigung haben die über 20 Genossenschaften, die es bis Mitte des 20. Jahrhunderts gab, fusioniert. Heute gibt es nur noch zwei große, die Dagernova, und die Winzergenossenschaft Mayschoß-Altenahr mit der Weinmanufaktur Walporzheim und eine kleine, den Ahrweiler Winzer-Verein. Zusammen bewirtschaften sie knapp 60 Prozent der Rebfläche. Die beiden erstgenannten produzieren je rund eine Million Liter pro Jahr, der kleine Ahrweiler Winzer-Verein durchschnittlich 200.000 Liter pro Jahr. Die Gesamtzahl der angeschlossenen Betriebe beläuft sich auf ca. 570 mit insgesamt 1.100 Mitgliedern. 540 davon bewirtschaften im Nebenerwerb durchschnittlich 0,5 Hektar und liefern etwa 50 Prozent der Gesamtproduktion. Die andere Hälfte tragen die 30 genossenschaftlichen Haupterwerbsbetriebe bei.

Alle Mitglieder sind zur Vollablieferung der Trauben verpflichtet. Die Vorgaben der Genossenschaft sind knallhart. Höchste Qualität ist oberstes Gebot. Die Arbeit im Weinberg ist auf hochwertige und gleichbleibende Weinqualität ausgerichtet. Kriterien wie Bodenpflege, Laubarbeit und Ertragsreduzierung werden in Bonituren und Kontrollen festgehalten. Winzer, Vorstand und Kellermeister gehen mehrfach im Jahr durch die Weinberge. Nur wer die Vorgaben erfüllt, wird mit angemessenen Traubengeldern bezahlt. Wer unsauber arbeitet, wird zurück gestuft und mit Abschlägen auf das Traubengeld bestraft. Gute Arbeit für gute Ergebnisse ist aber für fast alle Winzer selbstverständlich. Das monetäre Ergebnis für die mühevolle Arbeit in Steil- und Terrassenlagen ist eher sekundär.

Weingüter

Neben den drei Genossenschaften gibt es an der Ahr 46 selbstständig Weingüter, die etwa 40 Prozent der Gesamtmenge erzeugen. Von Betrieben bis zu drei Hektar Rebfläche bis zu einem Betrieb mit 25 Hektar ist alles dabei. 22 Betriebe bearbeiten drei bis zehn, vier Betriebe mehr als zehn Hektar. Sieben Betriebe betreiben biologischen Weinbau und liegen flächenmäßig mit sieben Prozent im deutschen Trend, Tendenz steigend. Ebenfalls sieben Betriebe sind dem Verband der Prädikatsweingüter, VdP, angeschlossen. Pfiffig werben vier Winzer mit dem Begriff Garagenwinzer/Ahrtypen auf eigenen Veranstaltungen. Fast alle Weingüter haben, wie die Genossenschaften, eine Vinothek oder Probierstube, wo der Kunde ihre Weine verkosten und kaufen kann. In 22 Weingütern findet der Besucher eine angeschlossene, ganzjährige Gastronomie vor. Weitere 17 betreiben eine Straußwirtschaft, die 16 Wochen im Jahr für den Gast öffnen darf.

Die Winzer an der Ahr haben schon lange verstanden, wie wichtig der individuelle Kontakt zu den Gästen und Kunden ist. Auf zahlreichen Events und Veranstaltungen treffen sich Gäste und Winzer auf Augenhöhe. Der Gast kann sich von der Vielfalt der Ahrweine überzeugen, während der Winzer für Fragen und Gespräche jederzeit zur Verfügung steht. So kann der Kundenkreis in lockerer Atmosphäre erweitert werden, egal, ob im kleinen privaten Kreis, im Dorf oder gebietsübergreifend. Der Erfolg kann sich sehen lassen. Zweidrittel der Ahrweine werden vom Kunden direkt vor Ort oder über den Onlinehandel erworben. Die restlichen rund 30 Prozent werden in der Gastronomie und im Lebensmitteleinzelhandel verkauft.

Genossenschaften und Weingüter kompakt

Legende: GS = Gasthof/Straußwirtschaft = V = Vinothek/Probierstube
BW = Biologisches Weingut VdP = Verband der Prädikatsweingüter

Ahrweiler (53474)

Ahrweiler-Winzer-Verein eG GS/V
Walporzheimer Str. 19,
Tel. 02641/3 43 76
www.ahrweiler-winzerverein.de
info@ahrweiler-verein.de

Weingut J. J. Adeneuer V/VdP
Max-Planck-Str. 8, Tel. 02641/3 44 73
www.adeneuer.de
jjadeneuer@t-online.de

Weingut Dr. Michael Arend
Oberhutstraße
weingut@arendweine.de

Weingut Franz Coels GS/V
Ahrhutstr. 13, Tel. 02641/3 40 41
www.weingut-coels.de
info@weingut-coels.de

Winzerhof Körtgen GS/V
Oberhutstr. 16, Tel. 02641/3 71 13
www.koertgens.de
info@koertgens.de

Weingut Peter Kriechel V
Walporzheimer Str. 83-85,
Tel. 02641/3 61 93
www.weingut-kriechel.de
info@weingut-kriechel.de

Weingut Kurth GS/V
Bachemer Str. 44, Tel. 02641/90 06 54
www.weingut-kurth.de
info@weingut-kurth.de

Weingut Maibachfarm GS/V/BW
Im Maibachtal 100, Tel. 02641/3 66 79
www.maibachfarm.de
info@maibachfarm.de

Weingut Natalie Richter V/BW
Kanonenwall 18, Tel. 02641/3 15 06
www.weingut-richter-aw.de
weingut-richter@web.de

Weingut Sonnenschein V
Walporzheimer Str. 92, Tel. 02641/3 12 95
www.weingut-sonnenschein.de
info@weingut-sonnenschein.de

Altenahr (53505)

Winzergenossenschaft V
Mayschoß-Altenahr
Tunnelstr. 17, Tel. 02643 /16 13
www.wg-mayschoss.de
altenahr@wg-mayschoss.de

Weingut Sermann-Kreuzberg GS/V
Seilbahnstr. 22, Tel. 02643/71 05
www.sermann.de
info@sermann.de

Bad Neuenahr (53474)

Dagernova Weinmanufaktur V
Heerstr. 91-93, Tel. 02641/94 72-0
www.dagernova.de
info@dagernova.de

Weingut Peter Lingen GS/V
Teichstr. 3, Tel. 02641/2 95 45
www.weingut-lingen.de
info@weingut-lingen.de

Weingut Sonnenberg GS/V
Heerstraße 98, Tel. 02641/67 13
www.weingut-sonnenberg.de
info@weingut-sonnenberg.de

Dernau (53506)

Dagernova Weinmanufaktur GS/V
Ahrweg 7, Tel. 02643/12 66
www.dagernova.de
info@dagernova.de (Vinothek)
restaurant@dagernova.de

SektWerk Wollersheim GmbH V
Zaungartenstraße 2a
Tel. 0163-2851978
www.sektwerk.com
wollersheim@sektwerk.com

Weingut Gebr. Bertram GS/V
Hauptstr. 3, Tel. 02643/83 14
www.gebrueder-Bertram.de
info@gebrueder-Bertram.de

Weingut Julia Betram V/BW
Hardtbergstr. 5, Tel. 02643/90 33 12
www.juliabetram.de
spaetburgunder@juliabertram.de

Weinmanufaktur Heiner V
Schmittmannstr. 1b
Weingut@heiner.de
Info@weinmanufaktur-heiner.de

Weingut H. J. Kreuzberg GS/V/VdP
Schmittmannstr. 30, Tel. 02643/16 91
www.weingut-kreuzberg.de
info@weingut-kreuzberg.de

Weingut Meyer-Näkel GS/V/VdP
Friedenstr. 15, Tel. 02643/ 16 28
www.meyer-naekel.de
weingut@meyer-naekel.de

Weingut Erwin Riske – GS/V
Inh. Volker Riske
Wingertstr. 26-28, Tel. 02643/84 06
www.weingut-riske.de
weingut-riske@t-online.de

Weingut Schlosshof GS/V
Hauptstr. 49, Tel. 02643/84 65
www.weingut-schlosshof.de
info@weingut-schlosshof.de

Weingut Ernst Sebastian V/BW
Hardtbergstr. 5, Tel. 02643/12 16
www.weingut-ernst-sebastian.de
info@weingut-ernst-sebastian.de

Grafschaft (53501)

Brogsitter Weingüter, V
Privat-Sektkellerei
Max-Planck-Str. 1, Tel. 02225/91 81 11
www.brogsitter.de
verkauf@brogsitter.de

Heimersheim (53474)

Weingut Nelles GS/V/VdP
Göppinger Str. 13 a, Tel. 02641/2 43 49
www.weingut-nelles.de
info@weingut-nelles.de

Weingut Franz Schäfer GS/V
Bodendorfer Str. 11, Tel. 02641/94 66-0
www.weinhaus-franz-schaefer.de
weinhaus-schaefer@web.de

Weingut Stark-Linden GS/V
Ringstr. 11, Tel. 02641/2 69 40
www.weingut-linden-heimersheim.de
info@ahrweingut-stark.de

Heppingen (53474)

Weingut Burggarten GS/V/VdP
Landskroner Str. 61, Tel. 02641/2 12 80
www.weingut-burggarten.de
burggarten@t-online.de

Marienthal (53507)

Weingut Klosterhof-Gilles GS/V
Rotweinstraße 7, Tel. 02641/36280
www.klosterhof-gilles.de
info@klosterhof-gilles.de

Weingut Kloster Marienthal GS/V
Klosterstr. 3-5, Tel. 02641/98 06-0
www.weingut-kloster-marienthal.de
mail@weingut-kloster-marienthal.de

Weingut Paul Schumacher GS/V
Marienthaler Str. 6, Tel. 02641/35 94 25
www.weingut-ps.de
ps-info@weingut-ps.de

Weingut A&C Trautwein Gbr. BW
Im guten Acker, Tel. 0163/170 79 57
ahr@trautweingut.com

Mayschoß (53508)

Weingut Deutzerhof V/VdP
Deutzerwiese 2, Tel. 02643/72 64
www.deutzerhof.de
info@deutzerhof.de

Winzergenossenschaft GS/V
Mayschoß-Altenahr e.G.
Ahrrotweinstr. 42, Tel. 02643/93 60-0
www.wg-mayschoss.de
info@wg-mayschoss.de

Weingut Mönchberger Hof GS/V
Mönchberger Hof 1, Tel. 02643/23 01
www.weingut-moenchberger-hof.de
weingut-moenchberger-hof@t-online.de

Rech (53506)

Weingut Josef Becker GS/V
Rotweinstr. 40, Tel. 02643/70 07
j.h.becker-ahr@t-online.de

Weingut Michael Fiebich V/BW
Nollstraße 10, Tel. 0176/217 427 42
michaelfiebich@web.de

Weingut Alfons Hostert Nfg. GS/V
Bärenbachstraße 13, Tel.: 02643/71 43
www.alfons-hostert.de
kontakt@alfons-hostert.de

Weingut Johann-Jakob Hostert GS/V
Inhaber: Johannes Hostert
Bärenbachstraße 12, Tel.: 02643/84 89
www.johanneshostert.magix.net
johannes.hostert@live.de

Weingut-Weinkellerei Max Schell V
Rotweinstr. 41, Tel. 02643/35 80
www.max-schell.de
info-max-schell.de

Weingut Otger Schell GS/V
Rotweinstr. 33, Tel. 02643/83 87
www.weingutschell.de
info@weingutschell.de

Weingut Adolf Schreiner GS/V
Rotweinstr. 23, Tel. 02643/85 90
www.weingut-adolf-schreiner.de
weingut.adolfschreiner@t-online.de

Weingut Sylvester Schreiner
Bärenbachstr. 23, Tel. 02643/34 83

Weingut Jakob Sebastian GS/V
Brückenstr. 2, Tel. 02643/ 93 61-0
www.jakob-sebastian.de
info@jakob-sebastian.de

Weinmanufaktur Franz Sebastian GS/V
Bahnweg 2, Tel. 02643/90 03 21
www.ahrwein-sebastian.de
info@ahrwein-sebastian.de

Weingut St. Nepomuk GS/V
Rotweinstr. 5, Tel. 02643/16 17 oder 85 82
www.stnepomuk-rech.de
st.nepomnuk-rech@t-online.de

Weingut Jean Stodden V/VdP
Rotweinstr. 7-9, Tel. 02643/30 01
www.stodden.de
info@stodden.de

Walporzheim (53474)

Weingut Christoph Bäcker V/BW
Walporzheimer Str. 90, Tel. 02641/35 91 92
www.weingutbaecker.de
info@weingutbaecke.de

Weingut H.P. Bier V
Walporzheimerstr. 135, Tel. 02641/35477
www.weingut-bier.de
info@weingut-bier.de

Brogsitter Sanct Peter GS/V
Walporzheimer Str. 134, Tel. 02641/97 75-0
www.brogsitter.de
info@sanct-peter.de

Weingut Försterhof GS/V
Im Teufenbach 65, Tel. 02641/3 50 38
www.foersterhof.de
gastro@foersterhof.de

Weinmanufaktur Walporzheim GS/V
Walporzheimer Str. 173, Tel. 02641/3 47 63
www.weinmanufaktur-walporzheim.com
vinetum@t-online.de

Straußwirtschaften

Straußwirtschaften haben eine lange Tradition. Karl der Große hatte eine Pfalz in Sinzig, unweit vom Mündungsgebiet der Ahr in den Rhein. Von hier verbreitete sich der Weinanbau die Ahr hoch und am Rhein entlang. Bereits 812 soll er den Bauern per Dekret erlaubt haben, einen Reisigbesen auszuhängen, der anzeigte, dass hier Wein ausgeschenkt werden durfte. Sie werden diese Chance auf einen Zusatzverdienst wohl genutzt haben. Heute sind Straußwirtschaften, auch Kranz-, Hecken- oder Besenwirtschaften genannt, in allen deutschen Weinanbaugebieten verbreitet. Ob im Garten, im Keller oder in der guten Stube, nirgends sind sich Gast und Winzer so nahe. Der Wein kommt aus dem eigenen Keller, aus der privaten Küche werden kleine regionale Köstlichkeiten serviert. An der Ahr können das neben der Winzervesper in verschiedenen Varianten auch Kökjeszupp, bunte Bohnensuppe, und Rievkooche, Reibekuchen sein. In der meist drangvollen Enge kommt es schnell zu persönlichen Begegnungen, die oft auch in Freundschaften zwischen Gast und Winzer münden. Eine Straußwirtschaft ist kein professioneller Gastronomiebetrieb. Ein bißchen Improvisation gehört dazu und macht ihren besonderen Charme aus. Die Konzessionen unterscheiden sich je nach Bundesland. Aber alle Länder erlauben einen Wirtschaftsbetrieb von 16 Wochen im Jahr und die Zubereitung einfacher regionaler Speisen. Es hat sich eingebürgert, das die meisten Betriebe zweimal im Jahr, im Mai und Juni und von August bis Oktober öffnen, und dann häufig nur am Wochenende. Bitte fragen sie nach!

Straußwirtschaft in Dernau

Schatzkammer der Winzergenossenschaft Mayschoß--Altenahr. Bild: Erster Präsident Nikolaus Näkel (1868)

Die Entwicklung von Rebsorten und Weinqualität in Europa

Teil III: Von 2021 – 2050
Science Fiction oder die Zukunft ?

Paul, der Enkel des alten Pitter, seines Zeichens Winzer im Ruhestand, ist gerade aufgewacht und lässt die erfolgreiche Weinprobe des gestrigen Abends noch einmal Revue passieren. Inzwischen backt der Backofen schon mal die Brötchen auf, der Kaffeeautomat ist bereits bei der Arbeit. Paul muß noch die Bestellungen von gestern fertig machen. Mit der Packing-App aktiviert er seinen Roboter. Der legt los und stellt die Lieferungen fix und fertig verpackt zur Abholung vor die Tür.

Ein Blick auf die Daten seiner Thermobetriebsbefliegung – gespeichert von der „Hummel", einer Drohne – und schon weiß Paul, dass im oberen Bereich des Kräuterbergs mit dünner Lehmschuttauflage Trockenstress droht. Kein Problem. Seine Bewässerungs-App setzt die Tröpfchenbewässerung in Gang. Opa Pitter – inzwischen schon an die 90, aber dank des täglichen Glases Rotwein noch sehr fit – hatte schon vor etlichen Jahren mit dem Bau von Wasserspeichern vorgesorgt. „Was täte ich ohne meine Hummel", murmelt Paul vor sich hin, „der Pflanzenschutz klappt wieder mal wie am Schnürchen." Der Weinbergsroboter „Geisi", zu Opas Zeiten noch in der Entwicklung, erledigt inzwischen alle Weinbergsarbeiten in der Steillage, GPS gesteuert. „Wie gut, dass Opa schon die Zeilenbreite in der Horizontale auf drei Meter und in der Falllinie auf zwei Meter erweitert hat, sonst hätte mein „Geisi" keine Chance," denkt Paul. Plackerei in der Steillage? Was ist das? „Paul, mach dass Du endlich aus dem Bett kommst," ruft Opa Pitter. „Ist ja schon gut, ich ja bin gleich so weit," ruft Paul zurück. Und macht sich fertig. Fürs Schwimmbad.

Rotweinwanderweg durch die Steillage des Mayschosser Mönchberges

Die Zukunft

Seit Jahren stehen stagnierende Weinpreise steigenden Produktionskosten gegenüber. Sollte diese Entwicklung anhalten, wird der Weinbau an der Ahr sich noch einmal grundlegend ändern müssen. Auch wenn hier, wie wohl in keinem anderen Weinbaugebiet, die meisten Winzer den Weinbau als Hobby betreiben, lassen Jahre mit mäßigen Ernten wie 2010, 2014 und 2019 die Lust daran durchaus sinken. Die aufgegebenen Flächen werden von anderen Winzern gepachtet oder gekauft, was, wenn auch nur langsam, zu einer wünschenswerten Vergrößerung der verbleibenden Betrieb führt. Damit sie wirtschaftlich arbeiten können, wäre eine weitere Zusammenlegung der Parzellen erforderlich.

Wo immer es geht, wäre zu überlegen, die Weinberge in der Horizontalen anzulegen, meint, quer zum Hang, mit dem Vorteil, dass die Bearbeitung und der Maschineneinsatz in der Steillage sich den Bedingungen in der Ebene annähert. Die Queranlage verlangt größere Böschungen, was aber der Biodiversität zugute käme. Das Landschaftsbild veränderte sich nochmal grundlegend. Den Anfang machte der Winzer Peter Hörsch aus Bachem bereits 1996 mit einem Weinberg in der Lage Ahrweiler Silberberg. Zusammen mit einem Freund begann er 1993 die vorhandenen Steilterrassen in Querterrassen umzuarbeiten, mit Hacke und Schaufel! Nach drei Jahren waren sie – inklusive Böschungen und neuen Mauern fertig – 1996 wurde der Weinberg bepflanzt. In der dritten Terrassenmauer ist in einer kleinen Nische ein Stein mit dem Errichtungsdatum der alten und der neuen Mauer eingelassen. Heute wird der Weinberg vom Weingut Meyer-Näkel bearbeitet.

Klimawandel, Globalisierung, Mechanisierung und Digitalisierung werden den Weinanbau der Zukunft noch stärker beeinflussen, als das heute bereits der Fall ist. Wie beschrieben hat sich der Ahrweinbau bereits einmal grundlegend verändert. Dass führte zu einem großen Sprung nach vorn, den die Winzer nicht nur neuen weinwirtschaftlichen Verfahren und einer hochqualifizierten Ausbildung verdanken, sondern auch dem Klimawandel.

Befahrbare Queranlage im Ahrweiler Silberberg

Klimawandel

Kaum eine Pflanze reagiert auf Klimawandel so empfindlich wie die Weinrebe. In der Weinbaugeschichte zeigt sich der Weinbau immer wieder als Klimaindikator. In der mittelalterlichen Warmzeit erstreckte er sich bis zur Ostseeküste. Die Kleine Eiszeit von 1550-1850 drängte ihn immer weiter nach Süden ab, was auch die Rebfläche erheblich schrumpfen ließ. Dank des Klimawandels erleben wir heute die umgekehrte Entwicklung. Kleine, feine Areale in Mecklenburg-Vorpommern und Brandenburg zählen heute zu den geografisch geschützten Landwein-Anbaugebieten.

Auch an der Ahr hat sich das Klima in den letzten 40 Jahren nachweislich verändert. Dieser Trend hält nach Aussagen der Meteorologen an. Dem Winzer stellt sich die bange Frage, wie der Spätburgunder, Frühburgunder und Riesling darauf reagieren? Werden unsere Ahrweine in 30 Jahren noch so schmecken wie heute? Ein Weinberg, der heute neu angepflanzt wird, steht 2050 noch. In diesem Zusammenhang sei ein Vergleich mit Burgund/Frankreich gestattet. Hier gedeihen Spätburgunder und Chardonnay nach wie vor. Dijon im Herzen von Burgund liegt auf dem Breitengrad 47,32, das Weinbaugebiet

Sonnenbrand Juni 2019

Ahr auf 50,55. Die Nord-Südentfernung beträgt gut 350 Kilometer. Der langjährige Jahrestemperaturunterschied, gemessen von 1961 bis 1990, beträgt plus 0,7 Grad Celsius in Dijon. Das heißt: Bei anhaltender Nordverschiebung besteht an der Ahr keine Gefahr, dass es dem Spätburgunder und dem Riesling zu warm werden könnte. Allerdings gilt das nicht für den Frühburgunder. Er bevorzugt kühlere Standorte, was die Winzer veranlasst, aufgegebene Standorte, die seit Jahrzehnten eine Vollreife der Trauben nicht mehr zuließen, wieder zu aktivieren.

Die Jahresniederschlagsmenge ist mit 650-670 Liter pro Quadratmeter seit Jahrzehnten unverändert. Allerdings verändert sich die Niederschlagsverteilung. Starkregenfälle nehmen zu, das Wasser fließt sofort ab und steht der Rebe nicht zur Verfügung. Hagelschläge und sehr trockene Sommer, wie in 2018 und 2019, werden häufiger. Bereits jetzt treten Schaderreger wie Peronospora und Oidium früher auf. Bisher unbekannte Schädlinge und Krankheiten, wie die Kirschessigfliege und der Schadpilz ESCA breiten sich aus. Kurz gesagt: Es braucht neue, bessere und andere Strategien, um die Folgen des Klimawandels, wie Starkregen, Hagel, Erosion, Trockenheit und Spätfrost wirksam in den Griff zu bekommen.

Fernsteuerung des Schleppers im Heimersheimer Kapellenberg

Mechanisierung in Steillagen

Rund 70 Prozent der Weinberge an der Ahr stehen in einer Steillage. In den drei benachbarten Steillagen-Anbaugebieten Mittelrhein, Nahe und Mosel ist der Weinanbau seit 1999 erheblich zurückgegangen. An der Ahr hat er leicht zugenommen, bei einem Arbeitsaufwand pro Hektar von 800 bis 1.000 Arbeitsstunden. Damit ist er viermal so hoch wie in den Ebenen der Pfalz oder Rheinhessens, mit 200 bis 250 Arbeitsstunden. Auf Dauer wird sich der Weinbau in Steil- und Terrassenlagen nur halten, wenn auch hier durch den Einsatz moderner Technik der Arbeitsaufwand und damit die Kosten deutlich gesenkt werden können.

Bereits heute steht ein breites Angebot an Anbaugeräten von der Pflanzung über die Laubpflege und Unterstockbearbeitung bis hin zur Ernte zur Verfügung. Ergänzend werde ich nachstehend auch Prototypen in den ersten Entwicklungsstufen vorstellen. Die alles entscheidende Frage ist aber, ob sich die Investitionen in Relation zum konkreten Nutzen rechnen. Eine Vollausstattung mit Schlepper, Raupe, Anhänger und Anbaugeräten kostet immerhin rund 270.000 Euro. Weingüter unter 10 Hektar Rebfläche werden sich das nicht leisten können. Hier wäre der Einsatz eines auf Weinbau spezialisierten Lohnunternehmers zu überlegen.

Geräteträger, Anbaugerät (Laubschneider) mit Auffahrpritsche und Anhänger

Schmalspurschlepper

Flachlagen und Hanglagen bis 30 Prozent Neigung können ohne Probleme mit einem Allrad-Schmalspurschlepper und den dazu gehörenden Anbaugeräten bearbeitet werden. Unter günstigen Bedingungen, wie trockenen, geschlossenen Weinbergsböden, kann er auch Hangneigungen von 40 bis 50 Prozent bewältigen. Allerdings ist zu berücksichtigen, dass die Anbaugeräte wie Mulcher, Grubber, Spritzgerät und Laubschneider die Steigfähigkeit des Schleppers herabsetzten. Die Steigfähigkeit des Schleppers bestimmt also den Einsatz. Der Weinberg sollte für eine derartige Bewirtschaftung als Drahtanlage mit einem Zeilenabstand von mindestens 1,80 Meter angelegt sein. In der Fachsprache nennt sich das Direktzugmechanisierung. Die heutigen Schlepper sind gemäß vielfacher Einflussgrößen der Zugkraft wie Allrad, Gewicht, Achslastverteilung, Antriebsart, Lenkung und Reifen gebaut und berücksichtigen auch die Bodenart, die Bodenfeuchte und die Bodendichte. Die Direktzugmechanisierung braucht weniger Arbeitskäfte, reduziert den Arbeitsaufwand und spart folglich Kosten.

Seilzugmechanisierungssystem, SMS

Ist ein Direktzug nicht mehr möglich, setzt der Seilzug ein, auch als Seilzugmechanisierungssystem, abgekürzt SMS. Die ersten SMS waren der „Zieh-Max“ und die „Schlepperseilwinde“, letztere an der Ahr heute noch weit verbreitet.

Aufstehraupe bei der Lese in Ahrweiler

Beide Systeme binden die Arbeitskraft von zwei Personen. Die Weiterentwicklung ist das moderne SMS als Einmannsystem. Die Grundkonzeption ist ein schleppergezogener Anhänger mit einer Auffahrpritsche für einen Geräteträger mit dem jeweiligen Aufbaugerät und eine Funkfernbedienung. Obwohl das SMS schon einige Jahre auf dem Markt ist, leidet es immer noch an Kinderkrankheiten. Leistungsstarke Bodenpflegegeräte wie Mulcher und Fräsen können nur bedingt genutzt werden, weil bei ihrem Einsatz die Leistung des Gesamtsystems sinkt. Es ist zudem tonnenschwer und verursacht eine unerwünschte Bodenverdichtung. Und es ist so teuer, das bisher nur Einzelstücke gebaut wurden.

Raupenmechanisierungssystem, RMS

Mehr Hoffnung setzten die Winzer auf das Raupenmechanisierungssystem, abgekürzt RMS, mit dem extrem steile Parzellen bis zu einer Hangneigung von 90 Prozent bearbeitet werden können. Die Anschaffungskosten sind noch höher als beim SMS. Allerdings gibt es hierzu auch eine kleine, deutlich preiswertere Lösung. Dabei handelt es sich um eine handgeführte Kleinraupe mit einer Steigfähigkeit von bis zu 60 Prozent. Für die Ahrwinzer ist sie eine attraktive, zunehmend genutzte Alternative, weil sie mit einer Breite von nur 65 Zentimetern auch bei wenig Platz und in engen Gassen eingesetzt werden kann. Die Preis für eine solche Raupe liegt bei rund 40.000 Euro.

Rebschutz mittels Drohne

Drohnen

Seit 2012 arbeitet man an der Entwicklung einer Drohne für den Einsatz im Pflanzenschutz. Der Prototyp wiegt nur 30 Kilogramm und nennt sich „Waran". Sein Wechsel-Spritzmitteltank fasst 16 Liter. Um einen Hektar zu spritzen, braucht es sechs Ladungen und einen Zeitaufwand von einer Stunde. Das Problem besteht in der unzureichenden Verwirbelung der Blätter, denn die Pilzsporen siedeln sich in den Spaltöffnungen der Blattunterseite an. Die Drohne muss daher zwischen den Rebzeilen in den Tiefflug gehen und kann dann nicht mehr per Funk gesteuert werden. Um dem abzuhelfen, geht man dazu über, die bestockten Rebzeilen in einem 3D-Modell zu erfassen und in festgelegten Routen per GPS zu bearbeiten. Dem Einsatz im Weinberg geht ein Ausbildungs- und Wartungsprogramm mit Flug-Training in der praktischen Handhabung voraus.

Drohnen mit speziellen Infrarot-Kameras geben Aufschlüsse über den biologischen Zustand der Reben und deren Affinität zum Boden. Bisher unerklärliche Vorgänge im Weinberg können so verstanden und abgestellt werden. Große Hoffnung setzt der Weinbau auf ein deutsches Landvermessungssystem. Durch einen im Modellprojekt erfolgreichen Satellitenpositionsdienst, Sapos, können nicht nur Drohnen, sondern auch Raupen, Traktoren und Aufbaugeräte in Echtzeit zentimetergenau gesteuert werden.

Vollernter der Fa. Hoffmann im Versuch an der Mosel

Steillagenvollernter

Von allen Arbeiten im Weinberg erfordert die Lese den höchsten Zeitaufwand und die meisten Arbeitskräfte. Pro Arbeitskraft und Hektar, Akh/ha, liegt der Aufwand bei rund 230 Stunden. Die Entwicklung von Steillagenvollerntern wird in diesem Zusammenhang immer interessanter. Der erste Steillagenvollernter wurde 2007 an der Mosel eingesetzt. 2015 stellte die Firma Karl Hoffmann Landmaschinen in Piesport an der Mosel ihre optimierte Variante vor. Mit nur einer Person besetzt, erntet dieser Vollernter Weinberge bis zu 75 Prozent Hangneigung ab. Er erntet bergab, bergaufwärts ist eine Leerfahrt. Das Trägerfahrzeug ist eine Raupe italienischen Ursprungs, die das ganze Jahr mit verschiedenen Anbaugeräten eingesetzt werden kann. Der Vollernter ist seit 2016 auf dem Markt und kostet, nur mit Ernteaggregat, etwa 100.000 Euro.
Ein Vollernter ersetzt 20 manuelle Leser. Diese große Tagesleistung hat zwangsläufig Auswirkungen auf die Kellerwirtschaft. Hier wären Nachrüstungen, zum Beispiel in Gärtanks, eine logische Konsequenz. An der Ahr ist bisher noch kein Vollernter eingesetzt worden.

Roboter

Roboter im Weinberg? Ich weiß nicht? Schon bei dem Gedanken sehe ich vor meinem geistigen Auge Bilder, wie man sie von Robotern auf dem Mond

Geisi im Test (Foto: Hochschule Geisenheim)

oder Mars kennt. Aber so weit sind wir davon nicht entfernt. Ein von der Hochschule Geisenheim und dem Deutschen Zentrum für Luft- und Raumfahrt entwickelter Weinbauroboter mit dem schönen Namen Geisi steht kurz vor der Markteinführung. Ob bei der Namensgebung die als Hochgebirgsartistin bekannte Ziege, auch Geiß genannt, oder Geisenheim Pate gestanden hat, sei dahingestellt. Geisi funktioniert wie ein Modellauto mit Joystick. Sein Antriebsstrang ist in die Stachelwalzen integriert und wird per Funk mit dem Joystick in Gang gesetzt und gesteuert. Dank seiner Knicklenkung ist er sehr wendig. Von einer Plattform in der Mitte können bereits beidseitige Spritzgeräte und ein Mulcher eingesetzt werden. Weitere Aufbaugeräte wie Laubschneider sind noch in der Entwicklung. Die Kosten werden mit 50.000 Euro im Verhältnis zu Seilzugsystemen eher als niedrig eingestuft.

Entwicklungsbereitschaft der Industrie

Ideen zur Weiter- und Neuentwicklung von Maschinen und Geräten für den Steillagenweinbau gingen bisher immer von den Winzern selbst aus. Pionierarbeit leisteten die Badischen Winzer Olbrecht aus Oberkirch, Leible aus Durbach und die Firma Karl Hoffmann aus Piesport. Der deutsche Maschinenbau übte und übt sich in vornehmer Zurückhaltung. Der Grund dafür ist rein wirtschaftlicher Natur. Der Steillagenweinbau geht seit Jahrzehnten stark zurück, hauptsächlich, weil sich die betriebswirtschaftlich notwendigen Weinpreise am Markt nicht mehr durchsetzen lassen. Teure Entwicklungen zahlen sich also nicht aus, weil die potentiellen Kunden abnehmen. Vor allem deswegen, weil sich ihre Arbeit nicht mehr rechnet. So beißt sich die Katze in den Schwanz. Maschinen, die für die Bergbauern in den österreichischen, italienischen und Schweizer Alpen entwickelt werden, die unter ähnlich schwierigen Bedingungen arbeiten, könnten hier – wenigstens teilweise – Abhilfe schaffen.

Digitalisierung in Weinberg und Keller

Mit dem Weinbau 4.0 geht der Weinbau digital, eine Entwicklung, die schon einige Jahre anhält. Bereits 2005 hat man an der Ahr digitale Wetterstationen installiert, deren Daten über das Internet abgerufen werden können, und weiter perfektioniert. Das sogenannte „Precision Farming“ bietet immer mehr Module für eine computergesteuerte Bewirtschaftung an. Mit einer „Spritz App“ wird der Einsatz von Pflanzenschutzmittel optimiert. Digitale Weiterentwicklungen im Maschinenbau habe ich vorstehend bereits beschrieben.

Die Digitalisierung geht im Keller weiter. Schon seit 10 Jahren misst man wichtige Parameter zur Most- und Weinqualität digital. Grape- und Wine-Scan liefern wichtige Daten über die Inhaltsstoffe von Most und Wein. Die Weinpresse erkennt die Füllmenge, stimmt den Pressdruck darauf ab und arbeitet so besonders schonend. Eine digitale Gärführung, die die Temperaturen in den verschiedenen Gärphasen steuert, ist in der Entwicklung. Versuche laufen auch in der Robotik zur Verpackung und Bereitstellung des fertigen Weines. Online-Verkaufsportale sind in fast jedem Weingut eingerichtet. Die Corona-Pandemie hat den Weinverkauf spürbar in den Online-Markt verlagert. Mit der virtuellen Weinprobe haben die Winzer hier auch bei der Verkostung Neuland beschritten. Im Internet oder in Rundschreiben bieten sie ihren Kunden Probepakete an, die dann zu einem festgesetzten Termin mit fachkundiger Begleitung am Bildschirm verkostet werden.

Weinpreise und Absatzwege

Knapp zwei Drittel aller Ahrweine werden direkt in der Winzergenossenschaft oder im Weingut verkauft. Hier werden die höchsten Preise erzielt. Das übrige Drittel geht überwiegend in die Gastronomie, der Rest in den Lebensmitteleinzelhandel. Mit 60 Prozent Direktvermarktung liegt die Ahr vor allen anderen deutschen Weinanbaugebieten einsam an der Spitze. Dort freut man sich schon sehr, wenn der Anteil der Direktvermarktung 20 Prozent erreicht. Ahrwein kostet im Direktverkauf durchschnittlich 9,00 Euro pro Flasche. Gegenüber einem Durchschnittspreis von 3,00 Euro pro Flasche für deutschen Wein beim Discounter, erscheint das hoch. Bei einem Preisvergleich mit Pinot noir aus Burgund oder Südtirol ist das niedrig. Höhere Preise für Ahr-Spätburgunder sind also möglich.

An der Ahr bewirtschaften Nebenerwerbswinzer, die alle einer der drei Genossenschaften angehören, über 50 Prozent der Weinanbaufläche. Die Traubengelder belaufen sich auf rund 23.000 Euro pro Hektar und sind mit die höchsten im bundesdeutschen Vergleich. Im Steillagenweinbau liegt dieser Betrag aber am unteren Limit der Rentabilität und die Bewirtschaftungskosten steigen ständig an. Die Preise für Ahrweine werden also steigen müssen, um die Existenz zu sichern und die Begeisterung für den Weinbau zu erhalten.

Weiterentwicklung von Genossenschaften und Weingütern

Wie bereits gesagt, gibt es an der Ahr 622 Weinbaubetriebe (einschließlich Kleinstbetriebe), davon bewirtschaften 117 eine Fläche von über einem Hektar. Von den Winzern, die einer Genossenschaft angehören, bewirtschaften 70 Winzer eine Fläche von einem Hektar und mehr. Der überwiegende Teil dieser Winzer, von denen wiederum 25 Betriebe drei Hektar und mehr bearbeiten, ist Mitglied in der Winzergenossenschaft Mayschoß-Altenahr. Diese 25 Betriebe allein steuern rund 60 Prozent zur Weinproduktion pro Jahr bei. Die Betriebsflächen der Mitglieder der Dagernova und des Ahrweiler Winzer-Vereins sind kleiner. Etwa 60 Prozent der Rebflächen werden von Winzern im Alter von 40 bis 60 Jahren bearbeitet, weitere 20 Prozent von über 60jährigen. Größere Investitionen in der Steillage können von Nebenerwerbswinzern nicht finanziert werden. Nicht zuletzt deshalb trifft die Bewirtschaftung der Steillagen bei jungen Nebenerwerbswinzern auf immer weniger Gegenliebe.

Von den 46 eigenständigen Weingütern haben 20 eine Rebfläche von weniger als 3 Hektar. Der Trend zur Flächenvergrößerung durch Kauf oder Pacht ist bei den Weingütern nicht zu übersehen. Dadurch schrumpfen die Bewirtschaftungsflächen der Genossenschaften. Allerdings gewinnen diese wieder Flächen dazu, wenn Winzer die eigene Weinerzeugung aufgeben und der

Genossenschaft beitreten. Im Ergebnis wird die Anzahl der Betriebe in den nächsten 20 Jahren abnehmen, die verbleibenden sich aber durch größere Flächen konsolidieren. Die Bewirtschaftung der Flächen – auch in der Steillage – stelle ich wegen der besonderen Qualität der Weine, der Erhaltung der Kulturlandschaft und mangels Alternativen, nicht in Frage.

Pilzresistente „Europäer"

„Viele Wege führen nach Rom" noch so ein Sprichwort. Aber bei Thema Pflanzenschutz trifft es zu. Denn es sind die Geißeln des 19. Jahrhunderts, die Pilzkrankheiten Peronospora und Oidium, die auch heute noch beim Pflanzenschutz den Takt vorgeben. Darum haben die Rebenzüchter große Anstrengungen unternommen, um Rebsorten mit einer hohen Pilzwiderstandsfähigkeit zu züchten. Hatten sie dann Erfolg, dauerte es bis zu 30 Jahren, bis die Neuzüchtung zugelassen wird. Die muss dann unter einem neuem Namen am Markt bestehen. Und da liegt das Problem, wie das Beispiel Johanniter zeigt. Diese interspezifische Rebsorte schmeckt fast wie ein Riesling, aber ohne Riesling zu heißen. Die Reaktion des Marktes ist gleich null.

Im Weinbau wäre es eine Revolution, wenn alle Europäerreben, wie Spätburgunder, Riesling, Grauburgunder u.s.w., pilzresistent gezüchtet werden könnten. Mit konventionellen Methoden ist das nicht möglich. Aber eine andere Lösung bietet sich hier an. Um nicht zu sagen, sie drängt sich auf. Die Rede ist von der Gentechnik. Genmutationen sind in der Natur ein ganz normaler Vorgang, wie die Beispiele Grauburgunder, Weißburgunder oder Frühburgunder beweisen. Auch die Resistenzen der Amerikanerreben sind so entstanden. Es braucht allerdings einen äußeren Anstoß. Diesen Anstoss gibt heute die Genschere durch gezieltes, kontrolliertes Anschneiden des Gens. Im Heilungsprozess geht die Rebe dazu über, die Pilze vollständig abzuwehren. Das Ergebnis ist von einer natürlichen Mutation nicht zu unterscheiden. Auch wenn der Europäische Gerichtshof sich 2018 dagegen ausgesprochen hat, wird sich der Einsatz von Gentechnik, in welchem Bereich auch immer, durchsetzten. Für die Erfindung einer superpräzisen Genschere erhielten 2020 zwei Französinnen den Nobelpreis. Übrigens: genetisch veränderte Lebensmittel sind bereits Bestandteil unserer täglichen Nahrung.

Ahrwein und Tourismus

Tourismus braucht Weinbau	Synergieeffekt	Weinbau braucht Tourismus
Weinbau als Reisemotiv		Neue Zielgruppen gewinnen
Landschaft Weinberg		Direktvermarktung steigern
Regionalität erleben		Bekanntheitsgrad erhöhen
Weinbau als Kulturvermittler		Existenz sichern
Weinbau als Erlebniswelt		

Vorgaben: Paul Gieler

Kulturlandschaft, Tourismus, demografische Entwicklung

Die Nähe zu den großen Städten wie Bonn, Köln, Düsseldorf und Aachen sowie dem Ruhrgebiet ist für die Winzer an der Ahr ein unschätzbarer Vorteil. Wir reden hier über ein Einzugsgebiet mit etwa fünf Millionen Einwohnern. Und alle Prognosen gehen davon aus, dass die Bevölkerung in den großen Städten weiter wächst und mit ihr der Wunsch dem Alltagsstress zu entfliehen, um – ganz im Sinne der Work-Life-Balance – in der nahen Umgebung Entspannung und Erholung zu finden. Das sind die guten Nachrichten. Die schlechten sind, dass die Bevölkerung überaltert und vermehrt an Krankheiten leidet, die den Genuß von Wein einschränken oder ganz verbieten und dass die Kaufkraft im Alter häufig sinkt. Wir sind hier an der Ahr guten Mutes, dass sich die guten und die schlechten Faktoren gegenseitig neutralisieren.

Voraussetzung ist allerdings, dass die gut funktionierende Vernetzung von Weinbau und Tourismus ständig weiter entwickelt wird. Der Kunde, und hier besonders der junge Kunde, will unterhalten werden. Events und Veranstaltungen müssen die aktuellen Trends nicht nur aufgreifen, sondern, wenn möglich, neue schaffen. Auch wenn die Kulturlandschaft sich verändern wird, ihr Reiz muss erhalten bleiben. Dafür ist die Erhaltung und Sanierung unserer Trockenmauern von immenser Bedeutung. Kurz: Alter Wein in immer neuen Schläuchen ist angesagt.

Sagen wir es, wie es ist. Die Ahr braucht interessierte, aktive, zahlungskräftige Kunden, die die vergleichsweise hohen Preise unserer Weine akzeptieren. Die Winzer und Kellermeister müssen für diese Kunden nicht nur greifbar sein, sie müssen ihnen die Einmaligkeit des Terroirs im wahrsten Sinne des Wortes schmackhaft machen, das Besondere, das es so nur an der Ahr gibt. Dieses Terroir zu erleben und zu schmecken muß für die Kunden zu einem Erlebnis werden, das sie wiederholen wollen. Hilfreich ist dabei sicherlich, dass die Ahr so ein kleines Anbaugebiet ist und Ahrweine dementsprechend rar sind. Denn was rar ist, darf auch teuer sein.

Fazit

Dr. W. Kriege kam 1911 in seiner Untersuchung zur Wirtschaftlichkeit des Ahrweinbaus zu dem Ergebnis, dass der „Ahrweinbau in den letzten Jahren seinen Mann nicht mehr ernährt". Inzwischen sind über 100 Jahre vergangen und der Ahrweinbau lebt immer noch, sogar besser denn je. Was beweist, dass Talsohlen nicht das Ende sein müssen. Um sie zu überwinden, braucht es allerdings den unbedingten Willen zum Erfolg, Zähigkeit und – Glück!

Der unbedingte Wille zum Erfolg zeigt sich in der Bereitschaft der Ahrwinzer, alles zu ändern, damit alles bleibt wie es ist, die Zähigkeit in der Bereitschaft, diesen Weg, auch bei Rückschlägen, Schritt für Schritt weiter zu gehen. Das Glück ist der Klimawandel, der für unsere kostbarste Rebsorte, den Spätburgunder, beste Bedingungen schafft. Dass der Frühburgunder seltener und der Riesling in heißen Jahren weniger spritzig sein wird, ist zu verkraften. Der Steillagenweinbau bleibt auf Grund der fortschreitenden technischen Möglichkeiten erhalten. Kleinbetriebe werden zugunsten größerer Vollerwerbsbetriebe aufgeben. Der Verfasser sieht den Ahrweinbau für 2050 gut aufgestellt. Allerdings werden die Winzer, wie in den vergangenen 30 Jahren auch, immer wieder neue Herausforderungen meistern müssen.

Einladung

Veranstaltungen an der Ahr

Januar/Februar

Altstadtfest in Ahrweiler

Auch im Winter lohnt sich ein Besuch an der Ahr. So zum Bummeln und Genießen innerhalb der Stadtmauern von Ahrweiler.

www.ahrtal.de

Februar, April, Juni, August, Oktober u. November

Gesprächskreis Ahrwein

Winzer, Weinkunden, Kellermeister, Ärzte u.a. diskutieren über Historisches, Wein-und Gesundheit und neue Entwicklungen im Weinberg und Keller. Ein Leitthema wird als Referat vorgetragen.

www.ahrtal.de

paul.gieler@t-online.de

April

Ahrwine-Tasting

Winzer stellen ihre Weine in der „Kleinen Bühne im Kurpark" Bad Neuenahr vor.

www.ahrtal.de

Tag der offenen Weinkeller

Weingüter der Ahr öffnen ihre Keller

www.ahrtal.de

Dernauer Weinfrühling

Winzer und Gastronomen laden zu regionalen Genüssen und köstlichem Ahrwein inmitten der Weinberge von Dernau ein.

www.ahrtal.de

Kulinarisches Rebenwochenende

Köstlichkeiten aus Küche und Keller in den Recher, Mayschosser und Altenahrer Weinbergen.

www.ahrtal.de

Mai/Juni

Weinmarkt an der Ahr

Zum Pfingstwochenende präsentieren sich ausgewählte Weingüter auf dem Ahrweiler Marktplatz, verbunden mit der Vorstellung der neuen Ahrweinkönigin.
www.ahrtal.de

Juni

Musik und Wein im Ahrtal

Open-Air-Musikgenuss und regionale Köstlichkeiten und Wein im Kloster Marienthal.
www.ahrtal.de

Ahrtaler Gipfelfest

4 Tage; 4 Gipfel im Ahrgebirge.
www.ahrtal.de

Ahrathon und Rock & Wein

der Erlebnismarathon der Extraklasse von Jung und Alt am Flusslauf der Ahr vorbei über den Rotweinwanderweg. Die Strecke ist dann auch für Nordic Walker freigegeben.
Ab 17:00 Uhr findet am Fuße der Weinberge von Bad Neuenahr auf dem Gelände des Weingutes Sonnenberg das Abschlussfestival „Rock & Wein" statt.
Kontakt: www.ahrathon.de
info@weingut-sonnenberg.de

Weinblütenfest in Mayschoß

Wein und Genuss und großer Winzerumzug.
info@mayschoss.de
Internet: http://www.mayschoss.de

Korkenfrei

Weinparty der Extraklasse in spektakulärem Ambiente, bei der Genuss & Lebensfreude im Mittelpunkt stehen. Organisiert wird dieser besondere Event von der gleichnamigen Jungwinzervereinigung.
www.winzergenossenschaft-mayschoss.de
info@wg-mayschoss.de

Altenahrer Weinsommer

Kontakt:
Weinort Altenahr e.V.
Touristinformation /
Haus des Gastes
Altenburger Straße 1a
53505 Altenahr
info@altenahr-ahr.de
www.altenahr-ahr.de

Juli

Burgunderfest

Wanderung von Ahrweiler nach Bad Neuenahr. Drei Weingüter, und zwar Sonnenberg, Burggarten und Lingen kredenzen unterwegs ihren Wein.
Am späten Nachmittag Tanz auf der Festwiese über den Weinbergen von Bad Neuenahr. Der Sommerabend findet auf Strohballen in zünftiger Atmosphäre statt.
info@weingut-sonnenberg.de
www.weingut-sonnenberg.de

August

Wein-Kultur-Festival in Marienthal

Unter dem Motto „Wein Kultur Festival“ laden das Weingut Klostenr Marienthal sowie die beiden weiteren Marienthaler Weingüter Paul Schumacher und Weingut Klosterhof ihre Gäste zu einer Weinverkostung bei Musik und Unterhaltung in die Weinberge oberhalb des Klosters von Marienthal ein.
www.weingut-kloster-marienthal.de

SchlAHRvino

Sommer-Weinevent der Jungwinzervereinigung SchlAHRvino. Dies Findet auf dem Gelände des Altenwegshofes oberhalb von Walporzheim statt.
www.schlahrvino.de

Genuss am Fluss

„Mit allen Sinnen genießen“ ist das Motto des Open-Air-Festivals. Ahrwinzer und Spitzenköche des Ahrtals präsentieren beim traditionellen Köchemarkt im Kurpark Bad Neuenahr.
club-der-koeche-rhein-ahr@gmx.de

Historisches Weinfest in Heimersheim

Eine Weinreise in die Vergangenheit. Handwerksleute, Weinbauern und Edelfrauen erinnern an ferne Epochen.
www.ahrtal.de

Ländliches Weinfest in Walporzheim

Traditionelles Weinfest rund um den Dorfplatz mit Festumzug.
Kontakt:
Weinmanufaktur Walporzheim
www.wgwalporzheim.de
wein@wgwalporzheim.de

August/September

Ahrweiler Winzerfest

Die Rotweinmetropole lädt an vier Tagen auf den Marktplatz ein. Höhepunkt ist die Proklamation der neuen Burgundia (Weinkönigin) und der Festumzug durch die Altstadt.
www.ahrtal.de

September

Ahrweiler Weinmarkt

Winzer und Weingüter laden zur hochkarätigen Weinverkostung ein.
www.ahrtal.de

Weinfest Bachem

Gemütliches Weinfest mit einmaligem Weinlesezug der 10.000 Lichter am Sonntag.
www.ahrtal.de

Winzerfest in Rech

Das kleine Dorf mit den großen Weinen lädt zum traditionellen Winzerfest ein.
www.ahrtal.de

Winzerfest in Dernau

Großer Winzerzug, Proklamation der neuen Ortsweinkönigin, hervorragende Weine und auserlesene Speisen-Angebote der Extraklasse.
www.ahrtal.de

September/Oktober

Altenahrer Weinwochen

Stimmungsvolle Stunden mit Musik, Tanz und Wein können Sie an fünf Wochenenden erleben.
www.ahrtal.de

Oktober

Kapellenfest der Winzer-und Weinbruderschaft Ahr e.V.

Jeweils am 03. Oktober an der Winzerkapelle Ahrweiler
www.winzer-und-weinbruderschaft.de

Mayschosser Weinwochen

Vier Wochenenden lang erwartet die Besucher ein buntes Programm rund um den Mayschosser Wein.
www.ahrtal.de

November

Altenahrer Maateljass

Erntedankfest der Winzer mit Führungen, Weinbergswanderungen und kulinarischen Spezialitäten.

November/Dezember

Martins- und Weihnachtsmärkte

mit Glühwein von der Ahr in Mayschoß, Rech, Dernau, Marienthal und Ahrweiler.
www.ahrtal.de

Hinweis:
Wegen der Corona-Pandemie können sich bei allen Veranstaltungen Einschränkungen und Änderungen ergeben.

Bacchus im Winzerzug in Ahrweiler

Wer noch mehr wissen will

Literatur

„AHR“ Qualitätswein, Prädikatswein, Sekt b.A. und Qualitätsperlwein. Produktspezifikation für eine geschützte Ursprungsbezeichnung (2019). Ministerium für Umwelt, Landwirtschaft, Ernährung, Weinbau und Forsten Rheinland-Pfalz. [Hrsg.].

AHR WINZER e.G. (2019): Bericht über das Geschäftsjahr 2018/2019
Ahrwein e.V. u. Landesamt für Geologie und Bergbau Rheinland-Pfalz [Hrsg.] (o.J.): Stein und Wein an der Ahr. Steine, Böden, Terroir.-Bad Neuenahr-Ahrweiler [ca. 2014].

Ahrweiler Winzer-Verein (1911) Vorstandsprotokolle 1874-1911

AMBROSI, HANS u.a. (2011): Farbatlas Rebsorten, Verlag Eugen Ulmer KG [Hrsg.].

ARNDT, ERNST MORITZ (1978): Wanderungen rund um Bonn ins rheinische Land. Hrsg. Hermann Kochs. Köln (ungekürzte Version des Originals von 1844).

BENDER, WOLFGANG (1994): Der „Krieg“ gegen die Reblaus im Ahrtal.- In: Heimatjahrbuch Kreis Ahrweiler, S. 141-150.

Brembach, Julius (1961): Flurbereinigung im Ahrweinbau – In: Heimatjahrbuch Kreis Ahrweiler, S. 41ff.

BRESGEN, FRANZ (1864): Die Winzerfrage der Ahr und ihre Lösung. – Lokal-Abteilung Ahrweiler des landwirtschaftlichen Vereins für Rheinpreußen [Hrsg.].

DEUTSCHES WEININSTITUT (2000-2019) – Weinstatistik – www.deutscheweine.de

DEUTSCHES WEININSTITUT (2019) Aktuelles Weinrecht [Hrsg.].

Eis, Franz-Heinz (1976): Bemühungen zur Verbesserung der Wirtschaftlichkeit des Ahrweinbaues – In: Heimatjahrbuch Kreis Ahrweiler, S. 72 ff.

FLICK, GERHARD (2006): Weinbau in Mecklenburg-Vorpommern -In: Deutsches Weinbaujahrbuch 2006, S. 29 – 36.

FRADERA, URSULA UND KREUTER, GERHARD (2011): „Geschmack und maßvollen Genuss“. Das europäische Programm WINEinMODERATION. – In: Heimatjahrbuch Kreis Ahrweiler S. 100-101.

GIELER, PAUL – HAFFKE, JÜRGEN – KREUTER, GERHARD (2017). Ahrwein -Geschichte, Gesundheit, Gespräch. Hospiz-Verein Rhein-Ahr e.V. [Hrsg.]. Volltextausgabe auch unter www.weinbau-ahrtal.de

GIELER, PAUL (2014): Der Ahrweinanbau und der Ahrweiler Winzer-Verein 1800-2013. – In: Festschrift zum 140-jährigen Jubiläum des Ahrweiler Winzer-Vereins, S. 31-81.

GIELER, PAUL (2016): Die Winzergenossenschaften der Ahr und ihr steiniger Weg zum Erfolg. – In: Heimatjahrbuch Kreis Ahrweiler, S. 113-121.

GIELER, PAUL (2017): Ahrwein im Jahr 2050. Analyse und Prognose zum Weinbau der Zukunft. – In: Heimatjahrbuch Kreis Ahrweiler, S. 187-191.

GIELER, PAUL (2019): 150 Jahre Winzergenossenschaft Mayschoß-Altenahr; Geschichte-Gegenwart-Zukunft. – In: Deutsches Weinbaujahrbuch, S. 98-107.

GIELER, Paul (2021): Blanc de Noir (s) – Eine Chance für weiße Ahrweine – Entwurfsfassung für Heimatjahrbuch Kreis Ahrweiler.

GIELER, PAUL UND KONRAD, HUBERT (2011): Die Frucht, die aus der Kälte kam – Die Ahr als Heimat des Frühburgunders? - In: Deutsches Weinbaujahrbuch 2011, S. 191-196.

GIELER, PAUL (2013): von Rebsorten, Weinlagen und wie ein guter Tropfen entsteht. – Eifel-Verlag [Hrsg.]

GÖRTZ, IGNAZ (1971): Der Straßentunnel bei Altenahr – In: Heimatjahrbuch Kreis Ahrweiler S. 97 ff.

HAFFKE, JÜRGEN (1994): Die alten Weinbergsmauern im Ahrtal. Ein Kulturlandschaftsdenkmal des Mittelalters. – In: Heimatjahrbuch Kreis Ahrweiler S. 134-140.

HAFFKE, JÜRGEN (2009): Kulturlandschaften und Tourismus. Historisch-geographische Studien in Ahrtal und Hocheifel (Nürburgring). – Diss. Bonn. Volltextausgabe auch unter www.weinbau-ahrtal.de

HAFFKE, JÜRGEN (2013): Felsen und Burgen, Wasser und Wein. 180 Jahre gastliches Ahrtal und Bad Neuenahr-Ahrweiler. – Köln.

HAFFKE, JÜRGEN (2013): Persistenz und Wandel im Ahrtal. Die Vermittlung einer komplexen Kulturlandschaft. – In: Natur-und Kulturerbe des Weinbaus aktivieren und vermitteln. Dokumentation Bund Heimat und Umwelt in Deutschland, S. 64-71. Volltextausgabe auch unter www.weinbau-ahrtal.de

HAFFKE, JÜRGEN UND GIELER, PAUL (2018): Wein von der Ahr. Vergangenheit - Gegenwart – Zukunft. – In: Koblenzer Geographisches Kolloquium – Universität Koblenz-Landau, Festschrift Rainer Graafen – Sonderheft 2018.

HAMATSCHEK, JOCHEN (2015): Technologie des Weines, Verlag Eugen Ulmer KG [Hrsg.].

HEINRICH, ERWIN (1927): Entstehungsursachen, Gründung und Entwicklung der Winzergenossenschaften an der Ahr. Diss. – Bonn.

HERBORN, WOLFGANG (2004): Der Weinbau an der Ahr im Frühen und Hohen Mittelalter. Das Werden einer Weinlandschaft. – Wiesbaden (Schriften zur Weingeschichte, Nr.146) – Gesellschaft für Geschichte des Weines, [Hrsg.].

HOFFMANN, PETER – HOFÄCKER, WERNER - STUMM, GERHARD (2019). Die drei preußischen Staatsdomänen in Rheinland-Pfalz: Trier, Niederhausen-Schloßböckelheim und Marienthal. (Schriften zur Weingeschichte Nr. 196) - Gesellschaft für Geschichte des Weines, [Hrsg.].

HOFMANN, UWE (2014): Biologischer Weinbau, Verlag Eugen Ulmer KG [Hrsg.]

HUBER, ELFRIEDE (2015): Vergleich von Steillagen-Mechanisierungsformen im Weinbau – Masterarbeit im Studiengang Geoinformatik.

HUFF; WILFRIED (bis 2000): Arbeitsbücher des Verwalters der Staatlichen Weinbaudomäne Marienthal.

KINKEL, GOTTFRIED (1999): Die Ahr. Eine romantische Wanderung vom Rheintal in die Hohe Eifel. Hermann Kochs. – Köln (gekürzte Fassung des Originals von 1846). [Hrsg.].

KLEIN, HANS-GEORG (1998-2020): Quellen zur Geschichte der Stadt Ahrweiler.12 Bde.-Bad Neuenahr-Ahrweiler.

KRIEGE, WILHELM (1911): Der Ahrweinbau. Seine Geschichte und wirtschaftliche Lage in der Gegenwart. Eine Wissenschaftliche Untersuchung. Diss. – Heidelberg und Trier.

KURPJUHN, JÖRG (2003): Rebflurbereinigungen im Ahrtal. Eine bodenordnerische und bodenwirtschaftliche Dokumentation mit besonderen Aspekten zur Effizienz und Nachhaltigkeit. Bonn. (Beiträge zu Städtebau und Bodenordnung 25).

LANDWIRTSCHAFTSKAMMER RHEINLAND-PFALZ - Diverse Titel

MAUL, ERIKA; SCHUMANN, FRITZ; TÖPFER, REINHARD (2011): Vom Spätburgunder zum Riesling – Ein Betrag zur Entstehung unserer Rebsortenlandschaft. – In: Deutsches Weinbaujahrbuch 2011, S. 106-117.

MAUL, ERIKA UND SCHUMANN, FRITZ (2009): Über den Ursprung und die Domestikation unserer Kulturrebe vitis vinifera L. subsp. Vinifera. – In: Deutsches Weinbaujahrbuch 2011 S. 18-27.

MINISTERIUM FÜR LANDWIRTSCHAFT, WEINBAU UND FORTSEN RHEINLAND-PFALZ. Die Erhaltung historischer Weinlagen an der Ahr. Expertengespräch. Nachrichten aus der Landeskulturverwaltung. 12. Jg. 1993, 11. Sonderheft

MÜLLER/WALG/LIPPS (2008): Der Winzer1 – Weinbau. Verlag Eugen Ulmer KG [Hrsg.].

PRÖSSLER, HELMUT (1979): Tesches Champagnerfabrik. – In: Das Weinbaugebiet Mittelrhein in Geschichte und Gegenwart, S. 80-87 (Schriften zur Weingeschichte Nr. 49) - Gesellschaft für die Geschichte des Weines, [Hrsg.].

Rhein-Zeitung (1954-Nr. 292) „Aus Angst vor Gott hätte ich das nie getan!".

RITZDORF, HUBERTUS (2013): Die Römer im Ahrtal S. 21

RÜHL, ERNST-Heinrich (2020): Quo vadis Rebenzüchtung. – In: Deutsches Weinbaujahrbuch 2020, S.96-100.

RÜHL, ERNST-HEINRICH u.a. (2015) 125 Jahre Rebenveredlungsstation Geisenheim-Eibingen, Festschrift.

SCHÄFER, OTTO (2011) Gedächtnisprotokoll 31.05.2011.

SCHMALZ, HEINZ (1968): Die Entstehung der Ahrtalstraße – In: Heimatjahrbuch Kreis Ahrweiler, S. 97 ff.

SCHMID, JOACHIM; MANTY, FRANK; LINDNER, BETTINA (2009): Unterlagen – die verborgene Hälfte des Weinberges. – In: Geisenheimer Rebsorten und Klone, S. 88-122.

SCHREINER, BERND (fortlaufend) Wein-, Fluss- und Weinlandschaft Ahr, www.ahrxwein.de

SCHUMANN, FRITZ (o.J.): Weingeschichte (Pfalz).

STATISTISCHES BUNDESAMT (2019) – Weinstatistik – www.destatis.de

STUTTGARTER ZEITUNG (2018): „Die Promis sind unter die Winzer gegangen".

TIETMANN, OTTO (1960): Der Ankauf des Klostergutes Marienthal a.d.Ahr durch den preußischen Staat und sein erstmaliger Ausbau zur preußischen Staats-Weinbau-Domäne. - Ditters Bürodienst Mainz [Hrsg.].

UEING, HANS-BERND (1957): Entwicklungstendenzen des Ahr-Weinbaus seit Erstellung des Katasters bis zum Feldvergleich 1954/56. Diss. Bonn.

Ulrich, Christian (1966): Die Weinbergs-Aufbaugemeinschaft „Ahrtal“ – In: Heimatjahrbuch Kreis Ahrweiler, S. 121 ff.

WENDLING, WILHELM (1966): Sozialbrache und Flurwüstung in der Weinbaulandschaft des Ahrtals. Bad Godesberg. (Forschungen zur deutschen Landeskunde 160)

ZEPP, PETER (1927): Der Rückgang der rheinischen Weinkultur nordwärts von Andernach. In: Verhandlungen des naturhistorischen Vereins der preußischen Rheinlande und Westfalens, Jg.84, Bonn, S.112-180.

Ahr Wein-Glossar

Abstich	Trennung des Weines von der Hefe nach der Gärung.
Agraffe	Bezeichnung für das Drahtgeflecht um den Sektkorken.
Ahr	Nebenfluss des Rheins, 89 km, Quelle in Blankenheim, Mündung bei Remagen.
Ahrbleichart	Entspricht einem Roséwein. Ursprüngliche Herstellung von Ahrrotweinen.
Alkohol	Bezeichnung für Äthanol bzw. Äthylalkohol. Hauptprodukt der alkoholischen Gärung.
Alkoholische Gärung	Den durch Hefen hervorgerufene Umwandlung des im Traubensaft enthaltenen Zuckers. Dabei wird zunächst der Traubenzucker (Glukose) vergoren, danach der Fruchtzucker (Fruktose).
Ampelografie	Rebsortenkunde.
Amtliche Prüfungsnummer	Nach erfolgreicher Qualitätsweinprüfung vergebene Nummer
Anreichern	Zugabe von handelsüblichem Zucker vor und während der Gärung zur Erhöhung des Alkoholgehalts (siehe auch Chaptalisieren).
Ar (ar)	Flächenmaß 100 qm.
Aroma	Verleiht dem Wein ein typisches Duft- du Geschmacksbild
Ausbau	Behandlung des Weines im Weinkeller.
Barrique	Kleines Eichenholzfass (mit einem Fassungsvermögen von 225 Liter bis max. 350 Liter meist 225l) zum Ausbau von Weinen. Innen getoastet. Geschmacksnuancen aus Vanille und Muskat verfeinern die Weine.
Bentonit	Vulkanisches Verwitterungsgestein zur Klärung des Weines.
Biologischer Säureabbau	Umwandlung der Äpfelsäure in Milchsäure (Milchsäurebakterien).
Blanc de Noir(s)	Hell gekelterter Wein aus roten Trauben.
Bleichart	Siehe Ahrbleichart.
Böckser	Fehlton, der beim reduktiven Ausbau entsteht. Behebbar durch Lüften.
Böngsche	Weinmarke zum Bezug von einer Flasche Wein in der Winzergenossenschaft.
Botrytis	Cinerea = Pilzbefall. Unerwünscht bei frühzeitigem Befall der Trauben = Graufäule; Erwünscht im hohem Reifestadium = Edelfäule.
Bouquet	Zusammenfassung einzelner Aromen im Wein zu einer Gesamtheit.
Bukett	Gesamtheit der Düfte des Weines.
Chaptalisieren	Begriff ist zurückzuführen auf den Innenminister Napoleons Jean-Antoine Chaptal (1756-1832). Inhaltlich siehe Anreichern
Cuvée	Verschnitt von Trauben, Mosten oder fertigen Weinen
Degorgieren	Entfernung der Hefe bei der Sektherstellung. Enthefung von Sekt.
Degustation	Verkosten, Weinprobe.
Dekantieren	Langsames Umfüllen des Weins von der Flasche in eine Karaffe
Delhees	Anton-Philipp Amtskellner (amtlich vereidigter Rentmeister) von Altenahr.
Depot	Bodensatz in der Flasche.
Deputat	Naturalien in Wein und Branntwein.
Deutscher Wein	Unterste Qualitätsstufe des Weines- vor 2009 Tafelwein – Wein ohne nähere Herkunftsbezeichnung.

DLG	Deutsche Landwirtschaftsgesellschaft.
Domäne	Bezeichnung deutscher Weingüter, die dem Staat gehören
Domina	Rote Rebsorte; Kreuzung Spätburgunder x Portugieser
Dosage	Mischung aus Wein und Zucker, die bei der Sektherstellung zugesetzt wird.
Edelfäule	Traubenfäulnis infolge des Befalls vollreifer Beeren durch Botrytis Cinerea.
Edelreis	Einjährige, Fruchtholz europäischer Reben.
Eiswein	Wein aus gefrorenen Trauben von mindestens 70 C
Elbling	Uralte weiße Rebsorte. Heute noch an der oberen Mosel verbreitet
Entrappt	Entfernung der Stiele von den Trauben
Erzeugerabfüllung	Weingüter und Winzergenossenschaften, die nach gesetzlich geregelten Vorgaben Trauben aus eigenem Anbau zu Wein verarbeiten.
Erziehungssysteme	Methoden des Rebschnitts und der Führung der Weinruten
Etikett	Gibt den „Stammbaum" eines Weines an. Gesetzlich vorgeschriebene oder freiwillig zugelassene Angaben
Extrakt	Alle im Wein enthaltenen nicht flüchtigen Stoffe (Zucker, Säure, Phenole, Mineralstoffe).
Fassholz	Holz aus dem Eichenstamm.
Federweißer	Gärender Most; Zwischenstadium vom Most zum Wein.
Feierabendwinzer	Winzer im Nebenerwerb.
Filtration	Klärung des Mostes mittels Filter.
Firne	Alterston im Wein.
Flaschenreife	Zeitpunkt, an dem der Wein ausgereift ist.
Flurbereinigung	Bodenordnung Zusammenlegung vieler Splitterparzellen.
Fotosynthese	Biochemischer Vorgang in den Blättern zur Zuckererzeugung in der Traube.
Frostrute	Fruchtholz, Zusätzlicher Fruchtansatz im Falle eines Spätfrostes (Eisheilige).
Fruchtrute	Einjähriges Holz, das während des Rebschnitts ausgewählt wird und aus dem später die Triebe wachsen.
Fruchtsäure	Verschiedene Säure aus hauptsächlich Wein- und Äpfelsäure
Frühburgunder	Eine Mutation des Spätburgunders. Samtiger als dieser bei früherer Reife. Entstanden an der Ahr im 18. Jahrhundert.
Fünf-Punkte-Schema	Von der DLG entwickeltes anerkanntes Prüfverfahren für Wein
Fungizide	Anorganische und organische Pflanzenschutzmittel zur Bekämpfung von Pilzkrankheiten.
Ganztraubenpressung	Methode, bei der Herstellung von Weißwein; die unversehrten ganzen Trauben werden ohne vorheriges Abbeeren oder Quetschen gepresst.
Gelatine	Schönungsmittel zur Gerbstoffausfällung und Klärung des Weines.
Genossenschaft	Zusammenschluss von Winzer zu einer Produktions- und Absatzorganisation. Drei Genossenschaften der Ahr: Winzergenossenschaft Mayschoß-Altenahr (einschl. Weinmanufaktur Walporzheim), Ahr-Winzer eG und Ahrweiler Winzer-Verein.
Gerbstoffe	Gruppe von Stoffen, insbesondere Tannine, die einen herben, bitteren Geschmack im Wein hervorrufen.
Geschützte Ursprungsbezeichnung	Geschützte Bezeichnung auf dem Etikett. z.B. Ahr (Weinanbaugebiet); Walporzheimer (Weinort); Walporzheimer Kräuterberg (Weinbergslage). Grundsatz je enger die Herkunft, je besser der Wein. Zurzeit ist in Deutschland nur das Weinanbaugebiet gesetzlich geschützt.

Glycerin	Dreiwertiger Alkohol, der als Nebenprodukt bei der alkoholischen Gärung entsteht und vor allem von wilden Hefen produziert wird.
Grand Cru	Franz. wörtlich „großes Gewächs.
Grauburgunder	Rebsorte, eine Mutation des Spätburgunders. Auch als Ruländer bezeichnet.
Großes Gewächs	Trauben aus Weinbergslagen mit optimalen geologischen, topografischen und klimatischen Bedingungen. Zusatzanforderung an Rebsorte, Mostgewicht und Ertragsbeschränkung.
Grundwein	Ausgangsprodukt bei der Sektherstellung.
Gutsabfüllung	Eine Erzeugerabfüllung, wobei der Betrieb von einem ausgebildeten Önologen geleitet werden muss, eine eigene Steuerbuchführung und die Selbstbewirtschaftung der Weinberge Voraussetzung sind.
Hanglage	Weinberg mit 5 – 30 % Gefälle.
Hefen	Befinden sich als natürliche Weinhefen und wilde Hefen auf den Beerenhäuten oder werden dem Most oder der Maische als Reinzuchthefen zugesetzt. Sie verwandeln bei der Gärung Zucker in Alkohol und Kohlensäure um.
Hektar	Flächenmaß 10.000 qm.
Hektoliter	Weinmaß 100 Liter.
Inkubationszeit	Zeitraum von der Infektion mit einem Krankheitserreger und dem Auftreten der ersten Symptome.
Insektizide	Pflanzenschutzmittel zur Bekämpfung von Insekten.
Interspezifische Rebsorten	Kreuzungen verschiedener Spezies z.B. Amerikanerreben mit Europäerreben.
Johanniter	Pilzwiderstandsfähige weiße Neuzüchtung.
Karst	Handgerät mit mehreren Zinken zur Bodenbearbeitung.
Keltern	Abpressen der Maische.
Kerner	Weiße Neuzüchtung (Trollinger x Riesling) benannt nach dem Dichter Justinus Kerner (1786-1862).
Kleinberger	Alte weiße Rebsorte. Identisch mit Elbling.
Klon	Griech., Zweig. Genetisch identischer Abkömmling einer Rebe.
Klonselektion	Auslese geeigneter Reben.
Korkschmecker	Durch fehlerhafte Korken oder Schimmelpilze ausgelöster Weinfehler.
Körper	Summe der Weininhaltsstoffe, hauptsächlich Alkohol, Restzucker und Mineralstoffe.
Kreuzung	Paarung zweier Rebsorten mit dem Ziel, eine neue Sorte mit vorher definierten Eigenschaften zu erhalten.
Kultweine	Nicht gesetzlich normiert. Markierte Weine von Hochwertigkeit und Seltenheit einer Luxusmarke.
Lage	Weinberge mit gleichen Boden- und Klimabedingungen. Grundsatz mindestens 5 ha Größe. Ausnahmen für die Ahr Walporzheimer Gärkammer und. Heppinger Berg.
Landwein	Wein mit geschützter geografischer Angabe. Qualitätsstufe für einen gebietstypischen trockenen oder halbtrockenen Wein höherer Qualität als deutscher Wein.
Maische	Brei aus Traubenfleisch, Traubenschale und Traubenkernen.
Maischeerhitzung	Maische wird vor der Gärung auf rund 700 C erhitzt, um Farbstoffe aus den Schalen zu lösen.
Maischegärung	Gärung mit der Beerenschale.
Malolaktische Gärung	Umwandlung von Apfelsäure in Milchsäure um den Säuregehalt zu senken.
Marc	Französischer Name für Trester.

Mazeration	Einweichen der Maische. Je nach Weinstil mehrere Stunden – Tage.
Mesopotamien	Kulturlandschaft in Vorderasien, die durch die großen Flusssysteme des Euphrat und Tigris geprägt wird.
Most	Traubensaft.
Mostwaage	Spindel, die die Dichte des Mostes misst.
Müller-Thurgau	Weiße 1882 von Hermann Müller an der Lehranstalt in Geisenheim gezüchtete Rebsorte. Zunächst nahm man als Eltern Riesling x Silvaner an. Ein genetischer Fingerabdruck entschlüsselte Ende der 1990 er Jahre aber die Rebsorte Madeleine Royale statt Silvaner als Kreuzungspartner.
Mutation	Genetische Veränderung einer Rebe, hervorgerufen durch Veränderung von Umweltbedingungen.
Nassverbesserung	Hinzufügen von aufgelöstem Zucker in Wasser zum Wein (heute verboten).
Niederrheinische Schweiz	Gebiet der Mittelahr (von Altenahr bis Walporzheim).
Oechsle	Dichte des Mostes benannt nach dem Entdecker Ferdinand Oechsle.
Oidium	Echter Mehltau.
Önologie	Bezeichnung für Weinwissenschaft.
Perlwein	Mit Kohlensäure versetzter Wein.
Peronospora	Unechter Mehltau.
Pfropfrebe	Durch Aufpfropfung eines europäischen Edelreises auf eine amerikanische Unterlage entstandene, reblausresistente Weinrebe.
Phänologie	Befasst sich mit den im Jahresablauf periodisch wiederkehrenden Entwicklungserscheinungen in der Natur.
Phenole	Chemische Verbindungen. Liefern dem Wein Farbe und Tannin. Auswirkungen auf Geschmack und Haltbarkeit.
pH-Wert	Maßstab für den Säuregehalt eines Weines. Normal pH 3 - 4
Pickel	Handgerät mit einem Zinken zur Bodenbearbeitung.
Pinotin	Pilzwiderstandsfähige rote Rebsorte.
Piwi	Abkürzung für pilzwiderstandsfähige Rebsorte.
Polyphenole	Chemischer Baustein im Wein in Farbpimenten, Tannien und Geschmacksstoffen.
Ponde	Gewicht Pfund = 500 gr.
Portugieser	Vermutlich aus Portugal stammende rote Rebsorte. Dort wohl mit der Rebsorte Azul identisch. Kam über Österreich, Elsass im Jahr 1869 an die Ahr.
Prädikatswein	Weinkategorie für Qualitätswein mit besonderen Anforderungen. Verbot der Anreicherung. Prädikate (aufsteigend): Kabinett, Spätlese, Beerenauslese, Eiswein, Trockenbeerenauslese.
Premiumweine	Nicht gesetzlich normiert. Weine von besonderer Klasse und Güte.
QbA (BA)	Abkürzung für (Qualitäts-) Weine bestimmter Anbaugebiete.
Qualitätswein	Wein mit geschützter Ursprungsbezeichnung. Güteklasse mit bestimmten Anforderungen an Herkunft und an das Mindestmostgewicht.
Raiffeisen	Friedrich Wilhelm (1818-1888) Gründer der landwirtschaftlichen Genossenschaftsbank (1872).
Rebenerziehung	Methode, mit denen der Wuchs der Rebe gelenkt wird.
Rebenveredlung	Vorgang zur Erlangung von Pfopfreben.
Reblaus	1860 aus Amerika eingeschleppter Schädling, der Wurzeln und Blätter der Rebstöcke befällt und vernichtet. 1881 an der Ahr aufgetreten.

Rebsorte	Unterart der Rebengewächse. In Deutschland werden rund 100 Rebsorten für die Weingewinnung kultiviert. An der Ahr sind zur Zeit 25 Rebsorten in der Anpflanzung.
Refraktormeter	Optisches Präzisionsinstrument mit dem das Mostgewicht bestimmt wird.
Regent	Pilzwiderstandsfähige rote Neuzüchtung.
Reinzuchthefen	Durch Selektion gewonnene Trockenhefe.
Resistenz	Widerstandskraft eines Organismus gegen äußere Einflüsse.
Restzucker	Unvergorener Zucker im Wein.
Riesling	Weiße deutsche Rebsorte. Mit rd. 21.000 ha Rebsorte Nr. 1 in Deutschland.
Rivaner	Synonymldentisch mit der Rebsorte Müller-Thurgau.
Rosé	Blassroter Wein aus Rotweintrauben.
Sämling	Aus Samen entstandene junge Rebpflanze.
Schönung	Stabilisierung und Klärung der Moste und Weine durch Zusatz von zugelassenen Schönungsmitteln.
Schulze-Delitzsch	Hermann (1808 – 1883) Initiator des Genossenschaftsrechts.
Sibbe Schröm	Kartenspiel, jedes verlorene Spiel gab einen Bleistiftstrich (Schrom). Sieben verlorene Einzelspiele gibt ein verlorenes Gesamtspiel.
Solaris	Pilzwiderstandsfähige weiße Neuzüchtung.
Spätburgunder	Eine der edelsten roten Rebsorten der Welt. Anbaufläche in Deutschland rd. 12.000 ha. Leitrebsorte an der Ahr.
Steillage	Weinberg ab 30% Gefälle.
Steilstlage	Weinberg ab 50% Hangneigung und ohne Zuwegung (nur in RLP)
Stühle	Von Weinbergsmauern umgebene Kleinstparzellen an der Ahr.
Sulfite	Salze der schwefligen Säure. Pflichtangabe „Enthält Sulfite" auf der Flasche.
Süßreserve	Unvergorener, steriler Traubenmost zur Süßung des durchgegorenen Weines.
Tafelwein	Begriff 2009 durch Wein bzw. Deutscher Wein ersetzt.
Tankgärung	Großraumgärung
Tannine	Gerbstoffe
Terroir	Komplexes Zusammenspiel natürlicher, den Wein prägender Boden- und Klimafaktoren. Traditionelle französische Qualitätsphilosophie.
Transvasierverfahren	Verfahren zur Herstellung von Sekt, bei dem der Sekt nach der Vergärung in der Flasche in einen Gegendrucktank umgefüllt wird.
Traubengeld	Bezahlung der Winzer für abgelieferte Trauben.
Treber	Ausgepresste Schalen und Kernen und Reste des Tresterbrandes zum Düngen der Weinberge.
Trester	Ausgepresste Schalen und Kerne, die zu Tresterbrand destilliert werden.
Tresterbrand	Branntwein, Schnaps aus Traubenrückständen (Treber), 40 – 45 Vol.%.
Trockenbeerenauslese	Höchste Prädikatstufe des Weines aus edelfaulen, eingetrockneten Trauben.
Trubstoffe	Feste Bestandteile von Most und noch nicht füllfertigen Weinen (Hefen, Schalenreste, Eiweiße und Mikroorganismen.
VDP	Verband Deutscher Prädikats- und Qualitätsweingüter. Mitglieder verpflichten sich ihre Weine nach strengeren Vorgaben als sie das deutsche Weingesetz vorsieht zu erzeugen.
VdP-Weingüter	Verband Deutscher Prädikats- und Qualitätsweingüter e. V. Vereinigung von ca. 200 Spitzenweingütern in Deutschland.

Vegetationsperiode	Austrieb der Rebe bis zur Reife (April – Oktober).
Verjus	Ein saurer Saft aus unreifen Trauben.
Versanddosage	In Wein gelöster Zucker zur Süßung des Sektes.
Vinifikation	Weinherstellung
Vinifizierung	Herstellung des Weines.
Weinstein	Kalium- und Kalziumsalz der Weinsäure, das während und nach der Gärung anfällt und durch Kälte ausgeschieden werden kann.
Weißburgunder	Rebsorte, eine Mutation des Spätburgunders.
Weißherbst	Roséwein, aus nur einer roten Rebsorte hergestellt.
Wildrebe	Urform der Reben, auch Waldrebe genannt. Männliche und weibliche Varianten.
Wingert	Alte Bezeichnung für Weinberg.

Bildnachweis

Binder, Karl-Heinz 71
DPA Sammlung Franz Liersch 41
Gaasterland, Achim 26-27, 72-73, 80-81, 170-171, 188-189, 222-223, 245
Geck, Klaus 155, 156, 197
Gieler, Paul Vorwort, 11, 12, 13o, 13u, 14,150, 19, 20-21, 22-23, 24-25o. 24u, 29, 32-33, 39r, 49, 54, 56u, 68, 69, 74, 76, 77o, 77u, 78, 79, 83, 84 86, 87o, 90o, 92, 97u, 100, 103, 104, 105, 107, 108, 109, 111, 113l, 113r, 118l,118r, 119l, 119r, 120, 121o, 121u, 122, 123, 124, 125, 126l, 126r, 127l, 127r, 129, 130-131, 132-133, 134-135, 137, 138o, 138u, 139, 140l, 140r, 142, 143, 144, 147, 148, 149, 153, 157, 160, 162, 168, 169, 172, 190, 198, 202, 204, 208, 210u, 211 o,m,u, 220, 225, 227, 228, 229, 231, 232
Giffels, Toni 136
Haffke, Jürgen 16li, 67 o,m,u,
Hess, Rainer 101
Hochschule Geisenheim 234,
Hoffmann Maschinenbau 233
Huff, Wilfried 52
Joergsam bei Wikipedia 154li, https://commons.wikimedia.org/wiki/File:KorkeichePortugal1994.
Kreisverwaltung-Kreisbildstelle 192
Kreuter, Gerhard 173, 174l, 174r, 176, 177, 178,180, 184o, 184u
Kurth, Reinhold 87
Landwirtschaftskammer Rheinland-Pfalz 96-97
Mertens, Werner 194, 195, 196
Meyer-Näkel, Werner 93
Nohn-Steinicke, Gabriele 58, 90u, 150, 205, 207, 212, 221
Ponsart, Jean-Nikolas 15u, 16r, 17, 18, 56o, 88
Presse- und Informationsamt der Bundesregierung/Theo Schafgans 184
Sammlung Gieler 240,34u, 35, 36,37, 38, 39l, 42, 43, 44, 45, 46, 47, 48, 51, 61, 62, 64-65, 66, 70, 110, 191, 209, 210o, 230
Schmid, Joachim 112
Weiter, Andreas 57
Werner, Manfred bei Wikipedia
154re, CC BY-SA 3.0, https://commons.wikimedia.org/w/index.php?curid=14063
Wolff, Jakob 50

Titelfoto Paul Gieler
Rückumschlag Jürgen Haffke

Ahrtalbücher

Faszinierende Aussichten
Das Ahrtal von oben

Jürgen Haffke (Text)
Andreas Schmickler (Fotos)

128 Seiten, Hardcover, 22 x 30 cm
ISBN 978-3-943123-22-7 • 24,90 €

Wandern genießen
Den AhrSteig in 9 Etappen entdecken

von Hans-Peter Pracht

20 x 12 cm, 176 Seiten,
Flexcover mit Fadenheftung
zahlreiche Abb., 9 detaillierte Etappenkarten
ISBN 978-3-943123-31-9 • 12,90 €

Die Geschichte der Ahrtalbahn

Heinz Schönewald

2. überarbeitete und erweiterte Auflage
21 x 13,8 cm, 128 Seiten, 102 Abb., Hardcover
ISBN 978-3-943123-40-1 • 12,90 €

50 Entdeckungen im Ahrtal
Eine Reise durch eine besondere Kulturlandschaft
- von der Quelle bis zur Mündung

Karin Joachim

2. aktualisierte Auflage
20 x 12,5 cm, 176 Seiten, Broschur
ISBN 978-3-943123-38-8 • 12,90 €

---

mehr Info unter: www.eifel-verlag.de